U0228041

国家自然科学基金面上项目（编号：51774048）
国家自然科学基金青年科学基金项目（编号：51504029）
北京市优秀人才培养资助青年拔尖个人项目（编号：2017000021223ZK04）

城市地下工程损害风险评价理论及方法

Theory and Method of Risk Evaluation of Underground Damage

吕祥锋 著

科学出版社
北 京

内 容 简 介

本书总结作者近年来在地下工程损害原位预测理论、方法和创新技术方面的研究成果，并结合国内外相关研究成果，对地下岩土工程预测预报理论、试验及测试技术装备等进行较系统和全面的论述。书中详细介绍地下岩土工程灾害预测技术的发展水平，分析国内外目前预测理论方法存在的主要问题，提出原位触探预测新理论方法，研发地下岩土体原位预测系统装备，并在模型试验、现场测试区段等重要工程应用测试中取得成功。研究成果为地下岩土工程灾害原位预测提供了重要的科学依据和新技术方法。

本书可供从事土木建筑工程、岩土工程、地下工程与隧道等专业的科研人员、设计和施工人员及高等院校相关专业师生参考。

图书在版编目(CIP)数据

城市地下工程损害风险评价理论及方法 = Theory and Method of Risk Evaluation of Underground Damage / 吕祥锋著. —北京：科学出版社，2018.5

ISBN 978-7-03-058759-6

Ⅰ. ①城…　Ⅱ. ①吕…　Ⅲ. ①城市–地下工程–风险评价–研究　Ⅳ. ①TU94

中国版本图书馆CIP数据核字(2018)第206527号

责任编辑：李　雪 / 责任校对：彭　涛
责任印制：张　伟 / 封面设计：无极书装

科学出版社出版
北京东黄城根北街 16 号
邮政编码：100717
http://www.sciencep.com
北京捷迅佳彩印刷有限公司 印刷
科学出版社发行　各地新华书店经销
*
2018 年 5 月第　一　版　开本：720 × 1000　B5
2020 年 4 月第三次印刷　印张：10 1/2
字数：200 000

定价：98.00 元

（如有印装质量问题，我社负责调换）

前　言

近年来，我国城市地下工程建设迅速，尤其地铁建设规模和数量呈现激增趋势，地铁上覆层隐伏病患诱发沉降、塌陷事故频繁发生，造成严重的经济损失和社会影响。截至2016年年底，全国地铁运营总里程已超过3000km，预计至2020年，全国将有超过40个以上的城市拥有地铁或轻轨，总规划里程达7000km。城市地下轨道施工及运营期上覆地层疏松、松动、脱空甚至出现空洞，在外部复杂环境作用下诱发沉降、塌陷，不仅给国家经济带来了重大损失，更给民众的生命安全带来了严重威胁，已引起了岩土工程相关科研人员和技术人员的广泛关注。笔者自2009年攻读博士学位开始，就一直从事地下岩土工程孕灾机理与动态控制技术相关工作。依托国家自然科学基金面上项目、国家自然科学基金青年科学基金项目、北京市优秀人才培养资助青年拔尖个人项目，系统研究城市地下工程孕灾机理和险源快速探测理论，提出地下工程隐伏病患精细识别和预测方法，研制地下岩土体隐患探测、识别和预测成套系统装备，实现城市地下工程灾害原位行为精准判识。

本书的出版得到了辽宁大学潘一山教授，辽宁工程技术大学梁冰教授、王来贵教授、肖晓春教授，中国科学院武汉岩土力学研究所刘建军教授、薛强研究员，中交基础设施养护集团有限公司崔玉萍教授级高工，北京市勘察设计研究院有限公司周宏磊教授级高工，建设综合勘察研究设计院有限公司傅志斌教授级高工，中国科学院力学研究所冯春高工的指导，部分研究内容得到课题组和实验室各位同事的大力支持帮助。在研究过程中，得到了北京市市政工程研究院王新灵助理工程师、周宏源硕士研究生、张硕硕士研究生的帮助；在现场预测技术研究方面，得到了中电建路桥集团有限公司冯志高工、欧阳韦高工、刘勇教授级高工、梁喜明工程师的支持。在此，对他们表示诚挚的感谢。

限于水平，书中不当之处，请读者批评指正。

吕祥锋

2018年1月

目　　录

第1章　地下工程灾害预测研究现状

1.1　地下工程物探预测研究现状

目前岩土工程超前预报多采用雷达方法、多道面波法、高密度电阻率法、基于 Ohm Mapper 的电阻率成像法和现有原位强度探测方法相结合的技术手段[1~10]。探地雷达通过向地下发射宽频短脉冲高频电磁波，利用不同地下介质的电性特性及其分界面对电磁波的反射原理，通过分析来自地下介质的反射电磁波的振幅、相位和频谱等运动学和动力学特征来分析、推断地下介质结构和物性特征[11]；多道面波法是一种新的浅层地震勘探方法，利用其频散特性和传播速度与岩土物理力学性质的相关性可以解决诸多工程地质问题[12]。常规的面波勘探只是一次采集一点的资料，而多道面波勘探技术则是通过连续的排列移动，同时收集面波资料和反射资料；高密度电阻率法是一种阵列勘探方法，它以岩、土导电性的差异为基础，研究人工施加稳定电流场的作用下地中传导电流分布规律[13]。测量时需将全部电极置于观测剖面的各测点上，然后利用程控电极转换装置和计算机工程电测仪便可实现数据的快速和自动采集，当将测量结果送入计算机后，还可对数据进行处理并给出关于地电断面分布的各种图示结果[14]。杨锦舟使用递推矩阵方法计算径向介质的格林函数，通过对随钻电磁波电阻率测量仪器进行数值模拟，来分析钻挺影响规律、井眼影响及校正方法和仪器的探测深度[15]。总结了随钻自然伽马、电阻率在地质导向钻井中应用的 3 种测量方式特征，即近钻头测量、基于随钻估计和预测方法的随钻测量、随钻方位自然伽马和电阻率测量；描述了随钻自然伽马、电阻率的实时解释方法，根据不同区域的地质特点、岩性测井特征和储集层的物性特征，将随钻测井数据与事先设定的储层地质特征进行实时对比和评价，完成地层对比、流体性质判别和储层参数解释；说明了随钻自然伽马、电阻率的刻度方法，通过仪器的标准化刻度及量值传递，为定量解释地层提供准确的测井资料；结合实践介绍了利用随钻自然伽马、电阻率实时测井曲线，根据不同岩性和不同层位自然伽马、电阻率的差异特性，结合邻井资料和无孔隙度测井资料条件下的孔隙度解释模型。张树东分析了储层多套层系的地质和测井响应特征，提出了构造追踪、储层追踪和地层追踪等有针对性的技术思路；在此基础上，对常见的 4 种复杂储层类型的测井系列进行优化，提出了不同地层和储层条件下适用的 5 种测井组合[16]。根据对美国北部二叠系泥岩孔隙度与深度关系的研究，Wang 和 Signorelli 采用了时域有限差分法模拟了存在铁氧体情况下的随钻电阻率测井仪器的响应特性[17]。程建华和仵杰用时域有限差分法模拟了在直井中三层地层模型下的随钻测井响应，分析了有钻挺和无钻挺时线圈型随钻测井在均匀介质中的瞬态辐射特性、侵入对随钻测井响应的影响、三层有侵地层模型响应，以及多频率信号响应的幅度和相位[18]。Hwa Ok Lee 等应用了三维圆柱时域有限差分法模拟了随钻测井仪器在水平和倾斜下的各向异性地层中的响应情况[19]。

前文介绍了物探超前预报的许多成功案例与新的应用方向，对岩土工程应用的推广起了鼓舞作用，但物探方法有诸多限制，且探测结果与工程量化判释的关系往往没有那么直接。大部分物探方法皆须经由反演求得待测物理参数或影像剖面，反演方式主要采取误差成本函数的优化方法[20,21]。但这个过程经常不具有唯一性，工程师因为缺乏对这方面的了解，导致缺乏对于物探反演结果可能存在限制的认知。反演的非唯一性的原因可以归纳为三类：①物理现象本身的非唯一性；②量测信息在空间与频率内涵上的局限性；③反演的过度收敛与局部优化问题[22,23]。物探方法反演受到含误差的有限量测资料及收敛上的限制等问题困扰，结果并非唯一，这是基于物探方法预测岩土工程灾害的最大弊端。因此，对于反演结果的诠释必须持谨慎态度，以避免过度解读施测成果。

1.2 地下工程钻探预报研究现状

用仪器记录随钻测量始于 20 世纪 30 年代，在油气井勘探和开发中用来测量钻井液物理化学成分。现在油气田和矿石开采工业大量使用随钻测井(logging while drilling，LWD)或随钻测量(measurement while drilling，MWD)[24~32]。这些随钻测量的主要目的是研究钻井液体化学成分和物理性质，监测钻具的正常工作、钻进地质导向和最优化钻探过程[33,34]。MWD 和 LWD 的一个最主要的特征是数据是按照钻井深度进行采集的，采集数据都是按钻深间隔排列的深度序列。在 1970 年后，法国、加拿大、意大利、美国和日本等国岩体工程研究人员希望通过仪器随钻记录的钻进参数，来解决岩土工程钻探中一些地层划分难题。Gui 等在岩土场地勘察中开始用仪器进行钻进参数测量和地层质量划分[35,36]。这些钻探工作用于挖泥工地土石界面识别、场地土地基加固、工程场地勘察、硬岩中的软弱煤层、土体灌水泥浆加固检查、岩体工程评级，以及发电厂探查溶洞[37~39]。

目前，用钻具向地下岩土体钻孔或钻井是各种与地质岩土体有关的科学和工程中最为常见和重要的工作任务和手段。国内外专家学者一直关注岩石可钻性的研究，并且已经做了大量的工作，但是，一直没有研究出精确反映岩石可钻性的测量方法[40]。从近几十年的文献来看，国内外对岩石可钻性研究的进展不大，突破极少。从 1970～2013 年，共有 68 篇 SCI 论文是与岩石可钻性(rock drillability)

相关的[41]。田昊等提出了隧道地质数字钻进精细化识别方法，以探寻钻进参数与地层信息之间的相关性指标为主线，以可钻性指标、钻进能量和钻进参数数据为核心，以仿生 k-medoids 算法和量子遗传 RBF 神经网络为方法，以参数采集系统的设计和数据的转换为基础，实现对地层的界面识别、不良地质体识别和围岩分级[42]。邱道宏、高伟等从钻进能量的角度分析钻机工作参数变化特征，利用钻进参数绘制出了钻进能量变化曲线及钻进比能变化曲线，进而对凝灰岩地层进行了界面识别和围岩分级研究[43,44]。谭卓英等根据监测数据，采用相关的理论分析，得出了钻进过程中，钻进能量、钻进比功等与岩石地层特性的关系[45]。谭卓英等针对钻进参数样本数据，采用最短距离聚类准则，分别建立类及分类数已知与类及分类数未知条件下的地层判别分类及有效性检验方法，该聚类分析方法在普通风化花岗岩地层中分类性能良好、精度高、误判率低[46]。宋颐等给出了针对不同钻进方式选择合适的预测模型，并开发井眼预测与控制系统，利用模型及系统对实钻数据进行计算[47]。Karasawa 等在室内钻机上用 3 种不同磨损程度、直径为 98.43mm 的铣齿钻头和直径为 101.6mm 的镶刃钻头，分别对抗压强度为 4～118MPa 的 4 种岩样进行了钻切试验，并测得了钻压、扭矩、转速和钻头的位移及时间[48]。Signorelli 用源比能概念的钻进速率判定岩土和风化岩体的等级[49]。Yue 等详细介绍了原位钻进全过程数字监测技术和数据采集处理的方法，并将原位钻进全过程数字监测技术应用于中国香港实际工程；通过分析采集的数据，得出在同一各向同性、均质的连续介质中，采用同一种钻机钻孔，钻速为常数[50]。谭卓英等(2006)提出了以单位能量下的穿孔速率作为可钻性指标的新概念，基于钻进过程中有效轴压、转速、穿孔速率和可钻性指标间的耦合关系，建立了可钻性指标的计算公式，对新的可钻性指标在地层识别中的敏感性进行了分析，阐述了可钻性指标在地层识别中的物理意义[51]。尽管国外一些研究者曾致力于随钻测量(MWD)对场地岩土体质量评价研究和工作，但是，随钻测量在岩土工程和岩石工程中一直还没有开展起来，它还不是现行岩土施工或勘察的常规或规范方法。Gui 等[35]研究结果表明，随钻测量数据存在一个难以解决的问题：随钻数字记录数据存在大量因钻机振动或钻机输出功率变化造成的随机变化，最为主要的是，钻进速度存在极大的随机变化。他们不能从随钻数据中分离出钻机振动的影响，从而不能得到稳定钻速，难以建立随钻参数同岩土体力学参数之间的确定性关系。甚至，Gui 等[35]要求在钻进过程中保持钻机输出液压动力不变(恒定钻井功率)，以减少钻机随机振动的巨大影响。我国内地在随钻测量方面的研究和应用进展也不多。目前，我国内地尚未研发拥有自主发明权的随钻测量或钻孔监测仪器。在 2007 年以后，我国内地通过中国香港阜泓兴业公司引进了日本矿研工业株式会社研发的多功能快速钻机施工技术，在多个隧道工程超前地质预报中得到应用。这些钻机装有系统随钻测量，通过测定、分析钻机钻孔时采集到的数据(钻孔深度、钻孔速度、转速、扭矩、旋转压力、打击能、打击数、打击压力、推进力、送水量、排水量、送水压力、排水压力)掌握掌子面前方的地质状况。但是，这种做法的结果还是不能令人满意。这个随机振动的问题困扰了很多国外岩土研究人员，导致他们失去了对随钻测量进行深入研究的兴趣，相关研究成果和论文相对稀少。

1.3 地下工程旋转触探预测技术研究现状

旋转触探的探头入岩方式为探头的切刀旋压切削破岩。直接获得的数据有：探头的钻进速度、转速、扭矩和探头所受的轴向负荷。在钻进速度、轴向负荷、转速及扭矩这 4 个参数之中，钻进速度和转速为探头的运行参数，而轴向负荷和扭矩为钻头上的荷载参数。对上述 4 个参数，可进行两种相互间的关系研究：①运行参数和荷载参数间关系的研究，即钻头的运行参数(钻进速度和转速)变化对钻头上的荷载(轴向负荷和扭矩)的影响，或者反过来，钻头上的荷载参数(轴向负荷和扭矩)变化对钻头的运行参数(钻进速度和转速)的影响；②荷载与运行参数交叉影响的研究，即一个运行参数和一个荷载参数对另一个运行参数及另一个荷载参数的影响研究。

陈铁林等介绍了一种动力强劲、钻速快、操作简单、钻孔方位范围大、可靠性高、可适应各种工况，尤其适用于长大隧道施工的“矿研”RPD 多功能钻机[52]。宋玲、李宁等研究了旋压触探机理，为实现软岩原位旋转触探，以砌块、特级石膏和模具石膏试样来模拟单轴抗压强度不超过 15MPa 的软岩，开展了大量实验研究工作，研究了轴向压力、扭矩与软岩抗压强度、抗剪强度之间的关系，得到了不同钻具钻测参数与试样强度变化关系[53,54]。高延霞在天津南港铁路某特大桥勘察中采用的新型旋转触探技术，孔深达到了 80m，克服了常规的静力触探孔不能穿透厚层硬层、测试深度较浅的缺点[55]。陈新军提出旋转触探特征量-旋转触探比功的概念，将旋转触探测得的锥头阻力、锥头扭矩、转速、贯入速度有机地结合起来，利用旋转触探试验确定灌注桩极限承载力的估算方法，并根据收集到的钻孔灌注桩桩身内力测试成果，对公式中修正系数依土类分别进行了拟合[56]。李鹏提出旋转触探特征量-旋转触探比功与各应力条件下土体压缩模量之间均具有良好的线性相关性，通过大量现场对比试验分析，建立基于旋转触探技术的不同应力条件下土体压缩模量确定经验公式，揭示旋转触探比功和应力效应对土体压缩模量的影响规律[57]。李骞、李宁、宋玲基于回转钻探和静力触探试验的综合优势，开发并进行系统地旋进式触探试验，在室内试验和理论推导的基础上进一步验证。从旋进式触探机制入手，根据切削、静压及钻压作用过程建立旋进式触探试验参数钻压、扭矩与每转进给量之间的关系曲线，结合室内试验成果进而以曲线斜率和钻削理论为依托推导出岩石的抗压强度、弹性模量、内摩擦角及黏聚力的计算公式[58]。李田军等通过对旋转触探用双螺旋探头的受力分析，建立了螺旋探头的贯入阻力和扭矩与贯入速度和转速，以及岩土的力学性能参数间的数学模型[59]。

综上所述，与岩土体旋转触探相关的研究集中在各岩土体材料旋转触探参数测试上[60~62]，但对于旋压触探的机理认识不清，对于旋压触探钻进参量间的关系也认识不清，同时，由于岩土体本身的复杂性，旋压触探测试数据的波动问题尚未解决，使得旋压触探仍作为一种勘察手段，而非一种测试手段，因此开展土体旋压触探研究势在必行，具有重要的理论价值和应用价值。

第2章　旋转触探强度理论模型

本章主要介绍了微损触探强度理论，通过开展尖齿剪切体和尖齿钻头切削破土力学分析，揭示了旋压破土宏观机理；基于布辛内斯科弹性理论，分析了旋压破土过程中岩土体破碎区分布特征，引入 D-P 塑性准则，得到了旋压过程中钻进动态参数与岩土体静态强度参数概化关系；采用离散元软件进行旋压触探数值模拟细观分析，得到岩土体塑性区分布与钻头静压力关系数值解，获取了岩土体内摩擦角、黏聚力对旋压触探动态参数的影响规律，确定了旋压钻进动态参数与岩土体静态强度参数概化关系中关键参数的取值。综合上述结果，形成微损旋压触探理论体系。

2.1　旋压破土力学理论

2.1.1　尖齿剪切体受力分析

根据钻头刀具切削破土过程，可建立切削破碎模型，如图 2.1 所示[63~66]。剪切体受到钻头尖齿的作用力，为了分析剪切面上的应力分布，可以把尖齿前岩土看成楔顶角为 2α 的楔形体，把均匀荷载简化成作用于楔顶的一集中力 P 和一等效力偶 $M[M = Ph\cos\varphi / (2\cos\gamma)]$ 的作用。

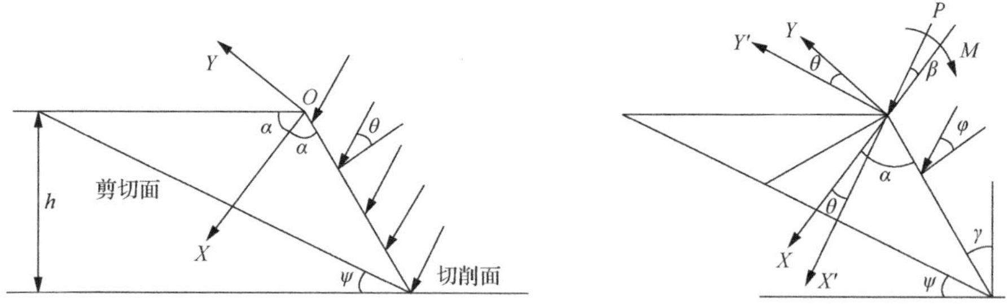

图 2.1　钻头尖齿剪切应力分析

对剪切体模型进行分析，可求解出尖齿楔形体部分及剪切面上的应力分布。取楔顶为原点，楔体对称轴为直角坐标系的 X 轴，或极坐标系的极轴，逆时钟方向 θ 为正，倾角为 γ，切削厚度为 h，剪切面与切削面的夹角为 ψ，集中力与楔形体对称轴的夹角为 β，集中力 P 与斜面法线的夹角为 φ，其值由尖齿面与岩土面之间的摩擦系数 μ 确定，$\tan\varphi = \mu$，$\beta = \pi / 2 - \alpha - \varphi$。楔体受集中 P 和力偶 M

作用下，楔体应力分布公式为

$$
\begin{aligned}
&(\sigma_r)_P = -\frac{2P}{r}\left(\frac{\cos\beta\cos\theta}{2\alpha+\sin 2\alpha}+\frac{\sin\beta\sin\theta}{2\alpha-\sin 2\alpha}\right)\\
&(\sigma_\theta)_P = 0\\
&(\tau_{r\theta})_P = 0
\end{aligned}
\tag{2.1}
$$

$$
\begin{aligned}
&(\sigma_r)_M = \frac{2M\sin 2\theta}{(\sin 2\alpha - 2\alpha\cos 2\alpha)r^2}\\
&(\sigma_\theta)_M = 0\\
&(\tau_{r\theta})_M = -\frac{M(\cos 2\theta-\cos 2\alpha)}{(\sin 2\alpha - 2\alpha\cos 2\alpha)r^2}
\end{aligned}
\tag{2.2}
$$

将两种应力叠加得

$$
\begin{aligned}
&\sigma_r = (\sigma_r)_P + (\sigma_r)_M = -\frac{2P}{r}\left(\frac{\cos\beta\cos\theta}{2\alpha+\sin 2\alpha}+\frac{\sin\beta\sin\theta}{2\alpha-\sin 2\alpha}\right)+\frac{2M\sin 2\theta}{(\sin 2\alpha - 2\alpha\cos 2\alpha)r^2}\\
&\sigma_\theta = (\sigma_\theta)_P + (\sigma_\theta)_M = 0\\
&\tau_{r\theta} = (\tau_{r\theta})_P + (\tau_{r\theta})_M = -\frac{M(\cos 2\theta-\cos 2\alpha)}{(\sin 2\alpha - 2\alpha\cos 2\alpha)r^2}
\end{aligned}
\tag{2.3}
$$

将原坐标系 XOY 顺时针旋转 η 角，使新坐标系 $X'O'Y'$ 的 X' 轴与剪切面垂直，Y' 轴与剪切面平行。则式(2.4)的各应力分量转换为 $X'O'Y'$ 坐标系的应力分量。记 $\eta=\pi/2-\alpha-\psi$，$\xi=\theta+\eta$，将极坐标系下的应力各分量转换为 $X'O'Y'$ 直角坐标系下的应力分量表达式。

$$
\begin{aligned}
\sigma_{x'} = {} & \frac{4M(X'\cos\eta+Y'\sin\eta)(Y'\cos\eta-X'\sin\eta)}{\sin 2\alpha-2\alpha\cos 2\alpha}\cdot\frac{X'^2}{(X'^2+Y'^2)^3}\\
& -2P\left[\frac{\cos\beta(X'\cos\eta+Y'\sin\eta)}{2\alpha+\sin 2\alpha}+\frac{\sin\beta(Y'\cos\eta-X'\sin\eta)}{2\alpha-\sin 2\alpha}\right]\frac{X'^2}{(X'^2+Y'^2)^2}\\
& +\frac{2M\left[2\dfrac{(X'\cos\eta+Y'\sin\eta)}{X'^2+Y'^2}\right]}{\sin 2\alpha-2\alpha\cos 2\alpha}\cdot\frac{X'Y'}{(X'^2+Y'^2)^2}
\end{aligned}
\tag{2.4}
$$

$$\sigma_{y'} = \frac{4M(X'\cos\eta + Y'\sin\eta)(Y'\cos\eta - X'\sin\eta)}{\sin 2\alpha - 2\alpha\cos 2\alpha}\cdot\frac{Y'^2}{(X'^2+Y'^2)^3}$$
$$-2P\left[\frac{\cos\beta(X'\cos\eta + Y'\sin\eta)}{2\alpha+\sin 2\alpha}+\frac{\sin\beta(Y'\cos\eta - X'\sin\eta)}{2\alpha-\sin 2\alpha}\right]\frac{X'^2}{(X'^2+Y'^2)^2} \quad (2.5)$$
$$-\frac{2M\left[2\dfrac{(X'\cos\eta + Y'\sin\eta)}{X'^2+Y'^2}-1-\cos 2\alpha\right]}{\sin 2\alpha - 2\alpha\cos 2\alpha}\cdot\frac{X'Y'}{(X'^2+Y'^2)^2}$$

在剪切面 $X' = h\cos(\gamma+\psi)/\cos\gamma$ 上的各应力分量分布可由上述公式求得，Y' 的区间范围 $-h\sin(\gamma+\psi)/\cos\gamma < Y' < h\cos(\gamma+\psi)\tan(2\alpha-\psi-\gamma)/\cos\gamma$ 。

当剪切面上某点应力满足莫尔-库仑准则，即 $\tau_{X'Y'} = c + \sigma_{X'}\tan\varphi$ ，此时岩土体开始破裂或屈服。

钻头尖齿工作面对岩土作用，接触面上分布着正压力和摩擦力，设内摩擦角为 ϕ，接触面上正应力呈均匀分布，令合力为 P_1；剪切面与切削面成 ψ 角，面上分布着岩体反作用力 P_2 和剪切反作用力 T_2，如图 2.2 所示。

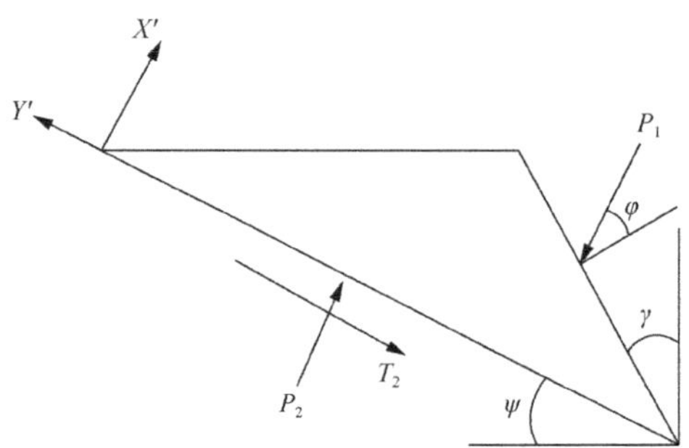

图 2.2 剪切体受力分析

$$P_2 = \int_{S_1}\sigma\,\mathrm{d}s \quad (2.6)$$

$$T_2 = \int_{S_1}\tau\,\mathrm{d}s \quad (2.7)$$

极限平衡状态下，剪切面上力的平衡方程为

$$\begin{aligned}&\sum X = 0 \quad P_1\sin(\pi/2-\gamma-\psi-\phi) - T_2 = 0\\&\sum Y = 0 \quad P_2 - P_1\cos(\pi/2-\gamma-\psi-\phi) = 0\end{aligned} \quad (2.8)$$

将 $T_2 = cs_1 + P_2\tan\phi$ 代入式(2.8)可得

$$P_1 = \frac{cs_1\cos\phi}{\cos(\gamma+\varphi+\phi+\psi)} \quad (2.9)$$

由于 $s_1 = bh/\cos\psi$，所以

$$P_1 = \frac{cbh\cos\phi}{\cos(\gamma+\varphi+\phi+\psi)\cos\psi} \tag{2.10}$$

式中，h 为切割深度；b 为切削刀刃宽；c 为内聚力；ϕ 为内摩擦角。

将式(2.10)代入式(2.8)中可得

$$T_2 = \frac{cbh\cos\phi\cos(\gamma+\phi+\psi)}{\cos(\gamma+\varphi+\phi+\psi)\cos\psi} \tag{2.11}$$

式(2.11)为尖齿钻头破碎岩土体切屑力的计算公式，式中 b、γ 是与钻头形状有关的参数，c、ψ、φ、ϕ 是与岩石性质有关的参数。

2.1.2　尖齿钻头破土力学分析

切削刀具除受到来自钻杆提供的推进力 F_n' 与切屑力 F_m 外，还受到岩土体对它的抗切削阻力 F_1[67]，抗切削阻力 F_1 与剪切体所受刀具对岩石的作用力 P_1 相对应，在刀下磨损面上也分布有抗切入阻力 F_2 和摩擦阻力 F_3，见图 2.3。

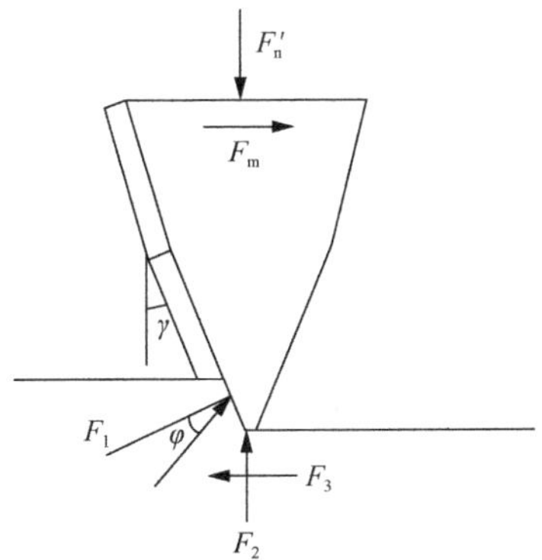

图 2.3　钻头尖齿受力分析

则

$$F_1 = P_1 = \frac{cbh\cos\phi}{\cos(\gamma+\varphi+\phi+\psi)\cos\psi} \tag{2.12}$$

F_2 为刀刃对煤岩正压力，其大小与摩擦面上的应力分布状态有关

$$F_2 = b\sigma_{\mathrm{m}}\left[\frac{0.6}{\cos\gamma}+\frac{1}{3}\left(l_{\mathrm{f}}-\frac{0.6}{\cos\gamma}\right)\right] \tag{2.13}$$

式中，σ_{m} 为应力最大值，$\sigma_{\mathrm{m}} = k\sigma_{\mathrm{s}}$；$k$ 为取决于钻头尖齿的几何形状和界面的摩擦力；σ_{s} 为煤岩抗压强度；l_{f} 为切削刃上的摩擦长度。

刀刃与岩土体的摩擦系数为 μ_1，则 $F_3 = \mu_1 F_2$。则钻头受力平衡方程为

$$\begin{aligned} F_n' &= F_1 \sin(\gamma + \varphi) + F_2 \\ F_m' &= F_1 \cos(\gamma + \varphi) + \mu_1 F_2 \end{aligned} \tag{2.14}$$

钻头旋转破土时[68~70]，钻头受孔壁土体的围岩压力作用，在钻头侧表面分布正压力 p_0 和摩擦力矩 M_1，可近似将压力看成均布荷载 p_0，孔壁岩土体与钻头表面的摩擦系数为 μ_2，如图 2.4 所示，则有

$$M_1 = \mu_2 \int_s p_0 R \mathrm{d}s = \mu_2 p_0 R s \tag{2.15}$$

式中，R 为钻头半径；s 为钻头一个尖齿侧面与孔壁接触面积。

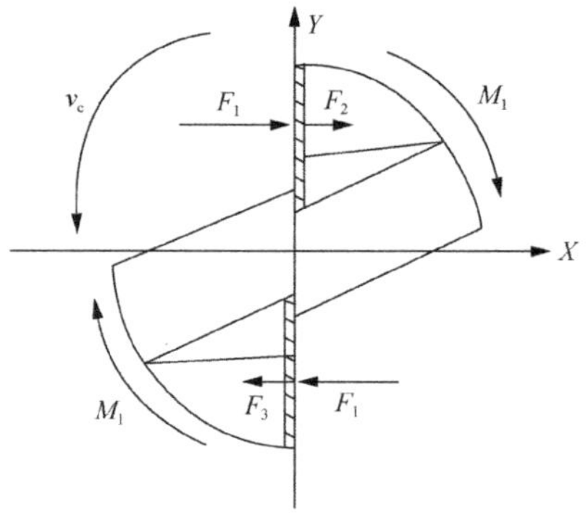

图 2.4　钻头受力分析

钻杆作用于钻头上的力可以分解为推进力 F_n 与施加于钻头上的扭矩 F_m，如图 2.4 所示，由于钻头共有三个切屑尖齿片，故钻头受力平衡方程为

$$\begin{aligned} F_n &= 3F_1 \sin(\gamma + \varphi) + 3F_2 \\ M_n &= 3F_1 \cos(\gamma + \varphi) R' + 3\mu_1 F_2 R' + 3M_1 \end{aligned} \tag{2.16}$$

式中，R'为钻头刀具等效半径，即钻头所受等效集中力至钻头中轴线距离。

将式(2.11)、式(2.12)、式(2.13)代入式(2.15)中得

$$\begin{aligned} F_n &= 2\frac{cbh\cos\varphi}{\cos(\gamma+\varphi+\phi+\psi)\cos\psi}\sin(\gamma+\varphi) + 2B\sigma_m\left[\frac{0.6}{\cos\gamma} + \frac{1}{3}\left(l_f - \frac{0.6}{\cos\gamma}\right)\right] \\ M_n &= 2\frac{cbh\cos\varphi}{\cos(\gamma+\varphi+\phi+\psi)\cos\psi}\cos(\gamma+\varphi)R' \\ &\quad + 2\mu_1 b\sigma_m\left[\frac{0.6}{\cos\gamma} + \frac{1}{3}\left(l_f - \frac{0.6}{\cos\gamma}\right)\right]R' + 2\mu_2 p_0 R s \end{aligned} \tag{2.17}$$

由式(2.17)可以看出，F_n、M_n 与土体的性质有关，同时也与钻头的参数相关及切削参数有关，其中 M_n 还与土体应力有关。B 为与钻测有关的参数。因此可以得到如下结论：在钻头、钻杆的几何参数、钻进速度、推进力、钻杆转速等确定的条件下，钻头受扭矩影响随着土体强度的提高而增大。

根据标准条件(一定的钻头形式、外径、冲洗液和其他参数)钻孔，以反映钻孔阻力的参数直接定量评估地层强度，其数学表达为

$$q_u = KV^a n^b F^c T^d \tag{2.18}$$

式中，q_u 为地层强度；V 为钻进速度；n 为旋转速度；F 为推进力；T 为扭矩；K、a、b、c、d 为待定系数。

地层容许承载力与强度之间存在换算关系：

$$[P] = (C_1 A + C_2 U h) q_u \tag{2.19}$$

式中，$[P]$为地层容许承载力；h 为钻深；U 为钻孔周长；A 为钻孔横截面面积；C_1、C_2 为根据岩土破碎情况，取特定系数。

由以上分析可知，当钻进钻头几何形状、钻进速度、旋转速度、推进力确定条件下，钻进过程扭矩与地层承载力呈线性关系：

$$[P] = K'T \tag{2.20}$$

式中，K' 为相关系数，需要通过大量实验和现场测试拟合确定。

2.2　旋转触探数学模型

以薄壁金刚石钻头为例，从理论上分析钻进参数与岩土体强度的对应关系。薄壁金刚石钻头主要用于沥青、混凝土面层，碎石层、砂卵石层、砖渣杂填土层等地层的钻进。

2.2.1　微损触探破岩假设

(1)轴压作用下出现一定的损伤楔入(压入破坏)。

(2)旋转作用下切削岩体(剪切破坏)。

2.2.2　微损触探关键参数

将薄壁金刚石钻头的旋转转进模型进行一定概化，共提炼出钻头几何尺寸、

钻机工作参数及岩土力学参数等三类参数，各类参数对应的具体内容如下。

(1)钻头几何尺寸：钻头内径(R)、钻头壁厚(t)、复合片个数(N)、单一复合片截面积(S)。

(2)钻机工作参数：转速(n)、进尺速度(v)、扭矩(T)、轴压(F)。

(3)岩土力学参数：黏聚力(c)、内摩擦角(ϕ)。

上述参数在钻头中的示意图(图 2.5)。

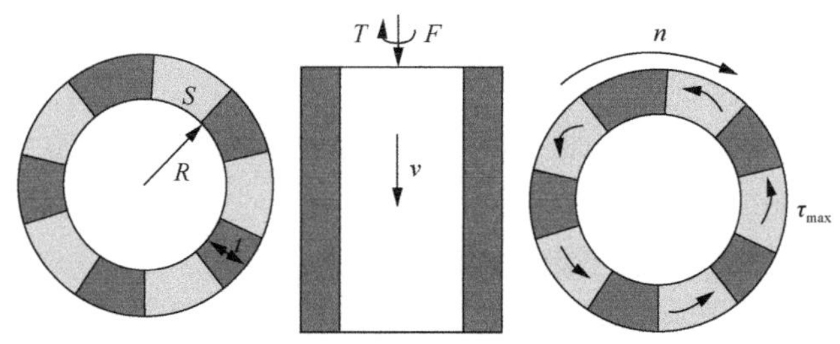

图 2.5　钻头旋转钻进过程典型参量示意图

上述三类参数中，岩土力学参数为响应量(因变量)，钻头几何尺寸及钻机工作参数为输入参数(自变量)。

2.2.3　岩土体静强度与微损触探动态参数相关关系

1. 压入破坏区域分析

在轴压作用下，钻头将对钻孔底部岩体产生强烈的挤压作用，进而导致底部岩体出现一定区域的损伤破坏。岩体损伤破坏的区域可近似通过半无限空间受法向集中力作用下的破坏区域获得[71,72]，如图 2.6 所示。

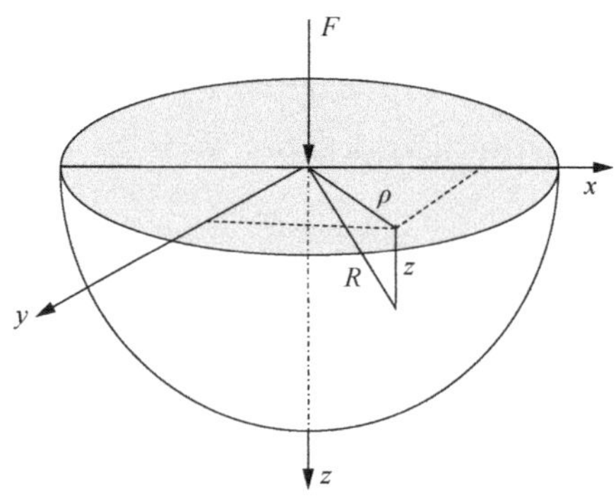

图 2.6　单齿破岩体积理论分析示意图

半无限空间中某一点受到集中力后，其弹性力学理论解在柱坐标系中的表达式为

$$\begin{aligned}
&\sigma_\rho=\frac{F}{2\pi R^2}\left[(1-2\mu)\frac{R}{R+z}-\frac{3\rho^2 z}{R^3}\right]\\
&\sigma_\theta=\frac{(1-2\mu)F}{2\pi R^2}\left(\frac{z}{R}-\frac{R}{R+z}\right)\\
&\sigma_z=-\frac{3Fz^3}{2\pi R^5}\\
&\tau_{z\rho}=-\frac{3F\rho z^2}{2\pi R^5}\\
&\tau_{\theta\rho}=0\\
&\tau_{z\theta}=0
\end{aligned} \tag{2.21}$$

式中，F 为单点的压力；R 为空间一点距作用点的距离；z、ρ 为柱坐标系坐标；μ 为泊松比；σ_ρ、σ_θ、σ_z、$\tau_{z\rho}$、$\tau_{\theta\rho}$、$\tau_{z\theta}$ 分别为对应方向的正应力和剪应力。

将上述柱坐标系下的应力解转换到笛卡儿坐标系下，如式(2.22)所示：

$$\boldsymbol{\sigma}_\mathrm{d}=\boldsymbol{\beta}^\mathrm{T}\boldsymbol{\sigma}_\mathrm{c}\boldsymbol{\beta} \tag{2.22}$$

式中，$\boldsymbol{\beta}$ 的表达如式(2.23)所示。

$$\boldsymbol{\beta}=\begin{bmatrix}\cos\theta & \sin\theta & 0\\ -\sin\theta & \cos\theta & 0\\ 0 & 0 & 1\end{bmatrix} \tag{2.23}$$

由于其对称性，取 θ=0，并进行简化，得应力张量式(2.24)

$$\begin{bmatrix}\sigma_x & \tau_{xy} & \tau_{xz}\\ \tau_{yx} & \sigma_y & \tau_{yz}\\ \tau_{zx} & \tau_{zy} & \sigma_z\end{bmatrix}=\begin{bmatrix}\sigma_\rho & 0 & \tau_{z\rho}\\ 0 & \sigma_\theta & 0\\ \tau_{z\rho} & 0 & \sigma_z\end{bmatrix} \tag{2.24}$$

根据其应力状态，引入 D-P(Drucker-Prager)塑性准则计算判断塑性区域边界，对塑性区域围绕 z 轴旋转一周进行积分可得到塑性体积，即可认为单齿破岩体积[73~75]。塑性准则可表述为式(2.25)[76]

$$F=\sqrt{J_2}+\alpha I_1-K=0 \tag{2.25}$$

式中，I_1，J_2 为主应力及八面体剪应力，可表述为式(2.26)和式(2.27)；

$$I_1 = \sigma_x + \sigma_y + \sigma_z \tag{2.26}$$

$$J_2=\frac{1}{6}\left[\left(\sigma_x-\sigma_y\right)^2+\left(\sigma_y-\sigma_z\right)^2+\left(\sigma_z-\sigma_x\right)^2+6\left(\tau_{xy}^2+\tau_{yz}^2+\tau_{zx}^2\right)\right] \tag{2.27}$$

α、K 为 Drucker-Prager 准则中的材料参数，通过外角点外接 D-P 圆的方法，建立 α、K 与莫尔-库仑准则中黏聚力、内摩擦角的函数关系，为式(2.28)和式(2.29)。

$$\alpha=\frac{2\sin\phi}{\sqrt{3}\left(3-\sin\phi\right)} \tag{2.28}$$

$$K=\frac{6c\cos\phi}{\sqrt{3}\left(3-\sin\phi\right)} \tag{2.29}$$

基于上述理论公式，即可绘制出集中力、黏聚力及内摩擦角与破坏体积的对应关系，如图 2.7、图 2.8 和图 2.9 所示。由图可得，破碎体积随着集中力的增加呈 $\frac{3}{2}$ 次方增大，破碎体积随着黏聚力的增大呈$-\frac{3}{2}$ 次方减小，破碎体积随着内摩擦角的增大呈线性减小趋势。

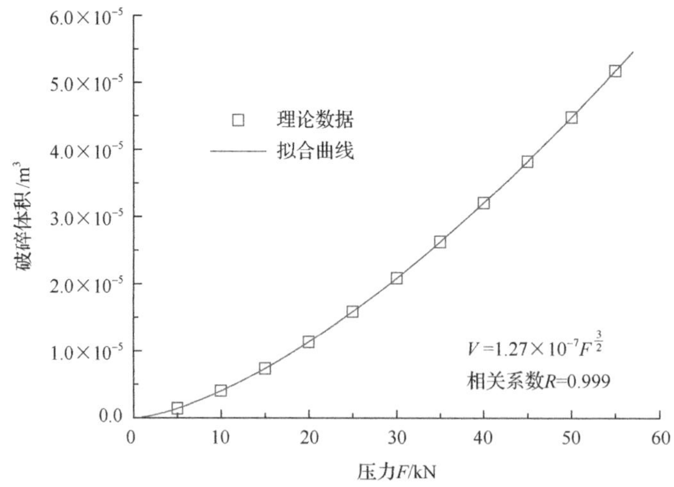

图 2.7　破碎体积与集中力的关系

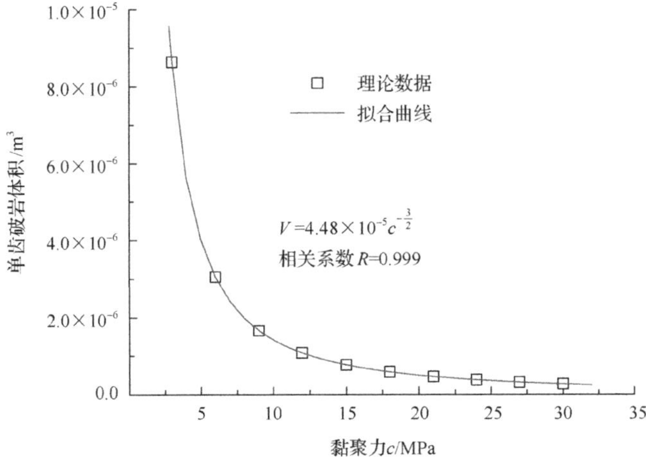

图 2.8　破碎体积与黏聚力的关系

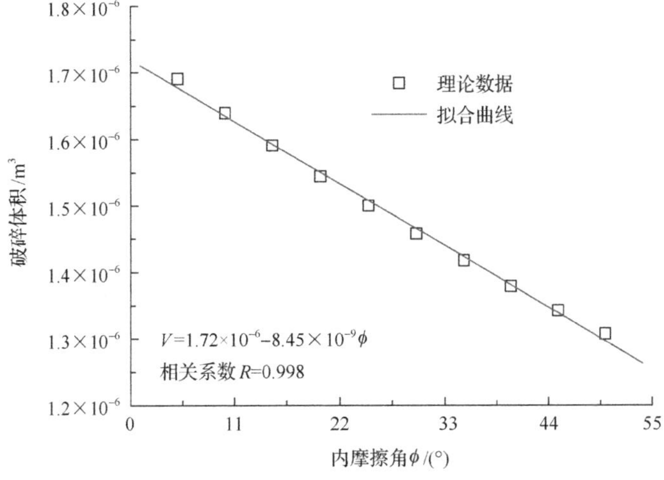

图 2.9　破碎体积与内摩擦角的关系

由图 2.7～图 2.9 还可以看出，集中力及岩体黏聚力是影响破碎体积的主要因素，岩体内摩擦角是影响破碎体积的次要因素。因此，可将岩体破碎体积与集中力及岩体黏聚力间的理论关系概化为

$$V_0=\alpha(F/c)^{\frac{3}{2}} \tag{2.30}$$

式中，α 为待定系数，与钻头形状、切削方式有关。

2. 岩土体静强度与微损触探动态参数相关关系

薄壁金刚石钻头的等效破岩面积 S_e 可表示为

$$S_e = \pi(R+t)^2 - \pi R^2 = 2\pi Rt + \pi t^2 \tag{2.31}$$

设钻头旋转一周的进尺为 d，根据式(2.30)和式(2.31)，可初步确定 d 与黏聚力 c 及轴压 F 之间的关系为

$$d = \alpha(F/c)^{\frac{3}{2}} / S_e = \frac{\alpha(F/c)^{\frac{3}{2}}}{2\pi Rt + \pi t^2} \tag{2.32}$$

已知进尺速度 v 与 d 之间的关系为

$$v = nd \tag{2.33}$$

则

$$v = \frac{\alpha n(F/c)^{\frac{3}{2}}}{2\pi Rt + \pi t^2} \tag{2.34}$$

钻头旋转过程中，将导致钻头底部岩体出现剪切破坏。设剪切破坏满足莫尔-库仑准则，为

$$\tau_{\max} = \sigma_n \tan\phi + c \tag{2.35}$$

式中，$\tau_{\max}$ 为最大剪应力；σ_n 为正应力。$\tau_{\max}$ 及 σ_n 可表述为

$$\begin{aligned} \sigma_n &= F/(NS) \\ \tau_{\max} &= T \Big/ \left[\left(R+\frac{t}{2}\right)NS\right] \end{aligned} \tag{2.36}$$

将式(2.36)代入式(2.35)可得

$$T = (F\tan\phi + NSc)\left[\left(R+\frac{t}{2}\right)\right] \tag{2.37}$$

根据式(2.34)及式(2.37)，即可获得黏聚力 c 及内摩擦角 ϕ 的表达式，为

$$\begin{aligned} c &= F\left[\frac{\alpha n}{v(2\pi Rt + \pi t^2)}\right]^{\frac{2}{3}} \\ \tan\phi &= \frac{T/\left[(R+t/2)\right] - NSc}{F} \end{aligned} \tag{2.38}$$

基于式(2.38)，即可初步建立岩土体强度参数与钻机工作参数的对应关系。下一步的工作，是通过数值模拟给出上述待定系数 α 的取值范围。

2.3　旋转钻测数值方法

2.3.1　计算方法概述

1. 计算概念[49]

连续-非连续单元法可定义为：一种拉格朗日系统下的基于可断裂单元的动态显式求解算法。通过拉格朗日能量系统建立严格的控制方程，利用动态松弛法显式迭代求解，实现了连续-非连续的统一描述，通过块体边界及块体内部的断裂来分析材料渐进破坏，可模拟材料从连续变形到断裂直至运动的全过程，结合了连续和离散计算的优势，连续计算可采用有限元、有限体积及弹簧元等方法，离散计算则采用离散元法[77,78]。

数值模型由块体及界面两部分构成。块体由一个或多个有限元单元组成，用于表征材料的弹性、塑性、损伤等连续特征；两个块体间的公共边界即为界面，用于表征材料的断裂、滑移、碰撞等非连续特征。界面包含真实界面及虚拟界面两个概念，真实界面用于表征材料的交界面、断层、节理等真实的不连续面，其强度参数与真实界面的参数一致；虚拟界面主要有两个作用，一是连接两个块体，用于传递力学信息，二是为显式裂纹的扩展提供潜在的通道(即裂纹可沿着任意一个虚拟界面进行扩展)[79]。

数值模型的示意图如图 2.10 所示，该示意模型共包含 8 个块体，其中有 2 个块体分别由 2 个、3 个三角形单元组成，其余的 6 个块体均由 1 个三角形单元组成；此外，图 2.10(c) 中实线为真实界面，虚线为虚拟界面。

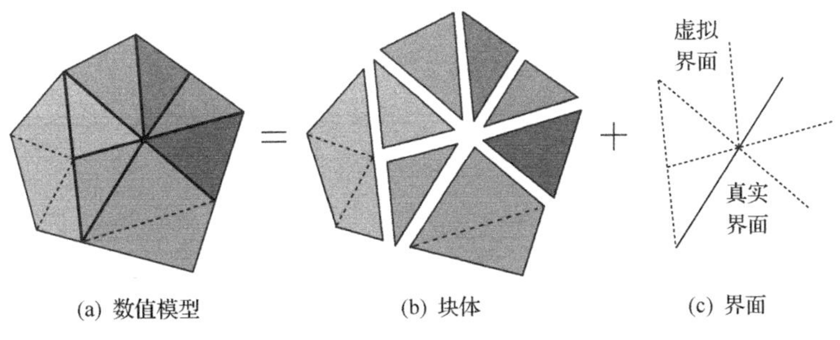

图 2.10　数值模型构成

节点包括连续节点、离散节点及混合节点等三类(图 2.11)，连续节点被一个或多个有限元单元共用，不参与界面力的求解；离散节点仅属于一个有限元单元，参与界面力的求解；混合节点被多个有限元单元共用，参与界面力的求解[80]。

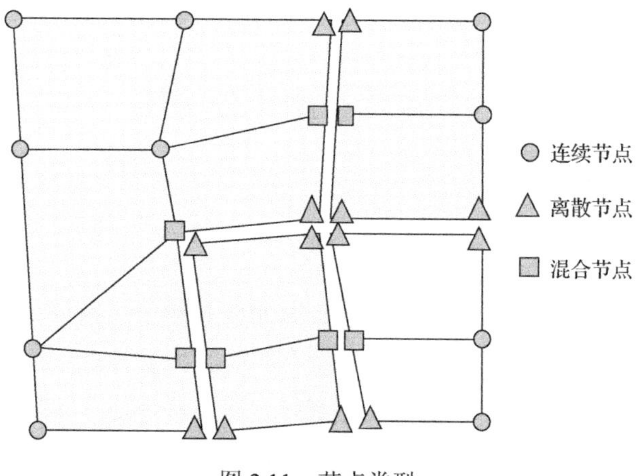

图 2.11　节点类型

每个有限元单元(图 2.12)可以是简单的四面体、五面体及六面体常规单元，也可以是复杂的多面体单元(图 2.12)。

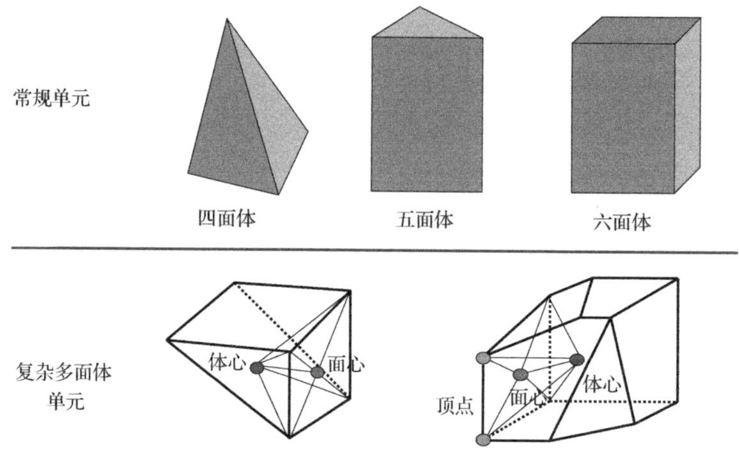

图 2.12　有限元单元

2. 基本方程[81~83]

连续-非连续单元法通过拉格朗日能量系统建立控制方程，拉格朗日方程的表达式为

$$\frac{\mathrm{d}}{\mathrm{d}t}\left(\frac{\partial L}{\partial \dot{u}_i}\right)-\frac{\partial L}{\partial u_i}=Q_i \tag{2.39}$$

式中，Q_i 为系统的非保守力；L 为拉格朗日函数，可写为

$$L=\Pi_{\mathrm{m}}+\Pi_{\mathrm{e}}+\Pi_{\mathrm{f}} \tag{2.40}$$

式中，Π_{m}、Π_{e}、Π_{f} 分别为系统动能、弹性能和保守力的功。

在拉格朗日系统下的单元上进行讨论，单元的能量泛函为

$$L=\frac{1}{2}\int_V \rho\dot{u}_i^2\mathrm{d}V+\int_V\frac{1}{4}\sigma_{ij}(u_{i,j}+u_{j,i})\mathrm{d}V-\int_V f_i u_i\mathrm{d}V \tag{2.41}$$

式中，ρ 为密度；u_i 为单元节点位移；$\dot{u}_i$ 为节点速度；σ_{ij} 为单元应力张量；f_i 为单元节点的体力；V 为单元体积。非保守力包括阻尼力和边界外力，分别写为

$$Q_\mu=\int_V \mu\dot{u}_i\mathrm{d}V,\ Q_{\bar{T}}=-\int_S \bar{T}_i\mathrm{d}S \tag{2.42}$$

式中，μ 为阻尼系数；$\bar{T}_i$ 为单元边界上面力。由式(2.40)和式(2.41)，式(2.39)可写为

$$-\left(\int_V \rho\ddot{u}_i\,\mathrm{d}V+\int_V\sigma_{ij}\frac{\partial u_{i,j}}{\partial u_i}\mathrm{d}V-\int_V f_i\mathrm{d}V\right)=\int_V \mu\dot{u}_i\mathrm{d}V-\int_S \bar{T}_i\mathrm{d}S \tag{2.43}$$

利用分部积分有

$$\int_V\sigma_{ij}\frac{\partial u_{i,j}}{\partial u_i}\mathrm{d}V=\int_S\sigma_{ij}n_j\mathrm{d}S-\int_V\sigma_{ij,j}\mathrm{d}V \tag{2.44}$$

拉格朗日方程简化为

$$\int_V(\sigma_{ij,j}+f_i-\rho\ddot{u}_i-\mu\dot{u}_i)\mathrm{d}V+\int_S(\bar{T}_i-\sigma_{ij}n_j)\mathrm{d}S=0 \tag{2.45}$$

此时，即可根据有限元方法或弹簧元方法，单元节点所受的内力等于单元变形能对节点的位移求偏导，即

$$F_i^e=\frac{\partial \Pi_{\mathrm{e}}}{\partial u_i}=K_{ij}^e u_j \tag{2.46}$$

式中，K_{ij}^e 为弹簧元的刚度系数或有限元的单元刚度矩阵。至此，拉格朗日方程可写为

$$\int_V \rho \ddot{u}_i \mathrm{d}V + \int_V \mu \dot{u}_i \mathrm{d}V + F_i^e = \int_V f_i \mathrm{d}V + \int_S \overline{T}_i \mathrm{d}S \tag{2.47}$$

对于单元发生破裂的情形，原先的单元分为两个计算区域，分别设为 V_1 和 V_2，并且分裂界面为 S_{b}，则式(2.47)可写为

$$\int_{V_1} \rho \ddot{u}_i \mathrm{d}V_1 + \int_{V_1} \mu \dot{u}_i \mathrm{d}V_1 + F_i^{e_1} = \int_{V_1} f_i \mathrm{d}V_1 + \int_S \overline{T}_i \mathrm{d}S - \int_{S_{\mathrm{b}}} \overline{T}_{i\mathrm{b}} \mathrm{d}S_{\mathrm{b}} \tag{2.48}$$

与

$$\int_{V_2} \rho \ddot{u}_i \mathrm{d}V_2 + \int_{V_2} \mu \dot{u}_i \mathrm{d}V_2 + F_i^{e_1} = \int_{V_2} f_i \mathrm{d}V_2 + \int_S \overline{T}_i \mathrm{d}S + \int_{S_{\mathrm{b}}} \overline{T}_{i\mathrm{b}} \mathrm{d}S_{\mathrm{b}} \tag{2.49}$$

式中，$\overline{T}_{i\mathrm{b}}$ 表示在界面 S_{b} 上，分裂的子区域 V_1 对 V_2 的作用力。

最终单元的动力学方程可以写为

$$\boldsymbol{M}\ddot{\boldsymbol{u}}(t) + \boldsymbol{C}\dot{\boldsymbol{u}}(t) + \boldsymbol{K}\boldsymbol{u}(t) = \boldsymbol{F}(t) \tag{2.50}$$

式中，$\ddot{\boldsymbol{u}}(t)$、$\dot{\boldsymbol{u}}(t)$ 和 $\boldsymbol{u}(t)$ 分别为单元内所有节点的加速度列阵、速度列阵和位移列阵；$\boldsymbol{M}$、$\boldsymbol{C}$、$\boldsymbol{K}$ 和 $\boldsymbol{F}(t)$ 分别为单元质量矩阵、阻尼矩阵、刚度矩阵和节点外部荷载列阵。

求解控制式(2.50)是计算核心。针对每个时步内的迭代求解，计算分为两个部分：第一步循环每个可变形块体，完成相应的连续变形计算；第二步计算接触面上的力。计算时由刚度矩阵和节点位移列阵求出弹性力矩阵，再由阻尼矩阵和节点速度矩阵求出阻尼力矩阵，最后叠加上外力阵用直接积分法求解式(2.50)所示的运动方程，具体计算方程为

求弹性力：

$$\begin{bmatrix} K_{1,1} & K_{1,2} & \cdots & K_{1,n} \\ K_{2,1} & K_{2,2} & \cdots & K_{2,n} \\ \vdots & \vdots & & \vdots \\ K_{n,1} & K_{n,2} & \cdots & K_{n,n} \end{bmatrix} \begin{bmatrix} u_1 \\ u_2 \\ \vdots \\ u_n \end{bmatrix} = \begin{bmatrix} f_1 \\ f_2 \\ \vdots \\ f_n \end{bmatrix} \tag{2.51}$$

求阻尼力：

$$\begin{bmatrix} C_{1,1} & C_{1,2} & \cdots & C_{1,n} \\ C_{2,1} & C_{2,2} & \cdots & C_{2,n} \\ \vdots & \vdots & & \vdots \\ C_{n,1} & C_{n,2} & \cdots & C_{n,n} \end{bmatrix} \begin{bmatrix} v_1 \\ v_2 \\ \vdots \\ v_n \end{bmatrix} = \begin{bmatrix} f'_1 \\ f'_2 \\ \vdots \\ f'_n \end{bmatrix} \tag{2.52}$$

叠加上外力用直接积分法求解运动方程：

$$
\begin{aligned}
&a_i = (f_i + f'_i + f_i^{外}) / m_i \\
&v_i = v_i^{t-1} + a_i t \\
&u_i = u_i^{t-1} + v_i t
\end{aligned}
\tag{2.53}
$$

式(2.53)为通过合力求块体节点的加速度、速度和位移，其中 $f_i^{外}$ 为块体外力，包括边界面上的力和接触面上的力。边界面上的力由边界条件给出，接触面上的力由接触弹簧来描述。

采用基于增量方式的显式欧拉前差法进行问题的求解，在每一时步包含有限元的求解及离散元的求解等两个步骤，整个计算过程中通过不平衡率表征系统受力的平衡程度。

3. 求解流程

采用基于时程的动态松弛技术进行显式迭代计算，求解动态问题、非线性问题及大位移、大转动问题具有明显优势。其计算流程如图 2.13 所示[84]。

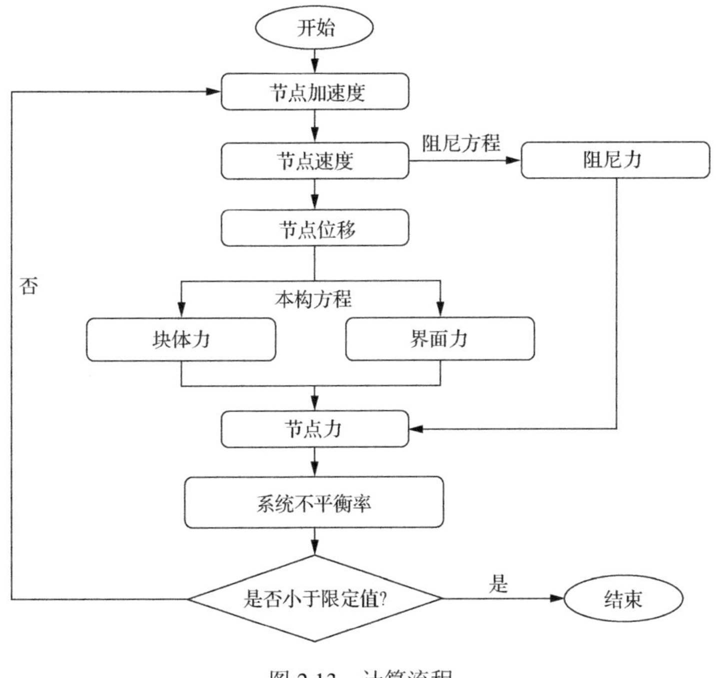

图 2.13　计算流程

连续-非连续单元法在建立单元的动力学求解方程后，无需形成总刚，而采用动态松弛方法进行求解。动态松弛方法通过在动态计算中引入阻尼项，使得初始不平衡的振动系统逐渐衰减到平衡位置，是一种将静力学问题转化为动力学问题进行求解的显式方法。该方法基本流程如下：

(1) 从已知的初始状态开始，在每一个时间步长(如第 n 步)结束后，固定计算区域内的所有单元。

(2) 计算每个单元节点的弹簧力 $\boldsymbol{F}_n^s$，并将 $\boldsymbol{F}_n^s$ 和外力 $\boldsymbol{F}_n^e$ 求和得到节点合外力。

$$\boldsymbol{F}_n = \boldsymbol{F}_n^s + \boldsymbol{F}_n^e \tag{2.54}$$

(3) 根据式(2.52)，计算每个单元节点的不平衡力 $\boldsymbol{F}_n^r$。

$$\boldsymbol{F}_n^r = \boldsymbol{F}_n - \boldsymbol{C}\dot{\boldsymbol{u}}_n - \boldsymbol{K}\boldsymbol{u}_n \tag{2.55}$$

(4) 根据每个块体上节点的不平衡力，计算这些节点的加速度。

$$\boldsymbol{a}_n = \boldsymbol{M}^{-1}\boldsymbol{F}_n^r \tag{2.56}$$

(5) 根据加速度和时步 Δt，同时放松所有的节点。

$$\dot{\boldsymbol{u}}_{n+1} = \dot{\boldsymbol{u}}_n + \boldsymbol{a}_n\Delta t, \quad \boldsymbol{u}_{n+1} = \boldsymbol{u}_n + \dot{\boldsymbol{u}}_{n+1}\Delta t \tag{2.57}$$

(6) 在新位置上固定所有节点，循环下一次迭代，直到满足退出条件。

4. 单元应力的求解

莫尔-库仑本构(含最大拉应力本构)。可以退化为传统的理想弹塑性本构(软化系数无穷大)或脆性断裂本构(软化系数为 0)[85~88]。

首先利用增量形式的有限元法计算本时步单元的应力增量，为

$$\Delta\sigma_{ij} = 2G\Delta\varepsilon_{ij} + (K - \frac{2}{3}G)\Delta\theta\delta_{ij} \tag{2.58}$$

式中，$\Delta\sigma_{ij}$ 为当前时步的应力增量；$\Delta\varepsilon_{ij}$ 为当前时步的应变增量；$\Delta\theta$ 为当前时步的体应变增量；K 为体积模量；G 为剪切模量；δ_{ij} 为 Kronecker 记号。

而后计算本时步单元的试探应力，为

$$\sigma_{ij} = \Delta\sigma_{ij} + \sigma_{ij\text{-old}} \tag{2.59}$$

式中，σ_{ij} 为本时步的试探应力；$\sigma_{ij\text{-old}}$ 为上一时步的应力。

根据试探应力张量 σ_{ij} 计算当前时步的主应力 σ_1、σ_2 及 σ_3，根据式(2.60)判断该应力状态是否已经达到或超过莫尔-库仑准则及最大拉应力准则，为

$$
\begin{aligned}
& f^s = \sigma_1 - \sigma_3 N_\phi + 2\eta c(t)\sqrt{N_\phi} \\
& f^t = \sigma_3 - \xi \sigma_t(t) \\
& h = f^t + \alpha^p(\sigma_1 - \sigma^p)
\end{aligned} \tag{2.60}
$$

式中，$c(t)$、ϕ、$\sigma_t(t)$ 为块体当前时步的黏聚力、内摩擦角和抗拉强度；N_ϕ、α^p、σ^p 为常数；N_ϕ、α^p、σ^p 可表述为

$$
\begin{aligned}
& N_\phi = \frac{1+\sin(\phi)}{1-\sin(\phi)} \\
& \alpha^p = \sqrt{1+N_\phi^2} + N_\phi \\
& \sigma^p = \sigma_t(t) N_\phi - 2c(t)\sqrt{N_\phi}
\end{aligned} \tag{2.61}
$$

η 及 ξ 分别为抗拉强度应变率增强因子和黏聚力应变率增强因子。可表述为

$$
\begin{aligned}
& \eta = (1+\dot{\theta})^{e_1} \\
& \xi = (1+\dot{\gamma})^{e_2}
\end{aligned} \tag{2.62}
$$

其中，$\dot{\theta}$ 及 $\dot{\gamma}$ 为体应变率及等效剪应变率；e_1 及 e_2 为应变率影响指数，一般可取 $e_1 = e_2 = \frac{1}{3}$。

如果 $f^s \geqslant 0$ 且 $h \leqslant 0$，单元发生剪切破坏；如果 $f^t \geqslant 0$ 且 $h > 0$，则发生拉伸破坏。

当单元发生剪切破坏时，进行主应力的修正，为

$$
\begin{aligned}
& \sigma_{1\text{-new}} = \sigma_1 - \lambda^s(\alpha_1 - \alpha_2 N_\psi) \\
& \sigma_{2\text{-new}} = \sigma_2 - \lambda^s \alpha_2 (1 - N_\psi) \\
& \sigma_{3\text{-new}} = \sigma_3 - \lambda^s(-\alpha_1 N_\psi + \alpha_2)
\end{aligned} \tag{2.63}
$$

式中，λ^s、N_ψ、α_1 和 α_2 为常数，其表达式为

$$
\begin{aligned}
& \lambda^s = \frac{f^s}{(\alpha_1 - \alpha_2 N_\psi) - (-\alpha_1 N_\psi + \alpha_2) N_\psi} \\
& \alpha_1 = K + \frac{4}{3} G \\
& \alpha_2 = K - \frac{2}{3} G \\
& N_\psi = \frac{1+\sin\psi}{1-\sin\psi}
\end{aligned} \tag{2.64}
$$

式中，ψ 表示剪胀角。

当单元发生拉伸破坏时，采用式(2.65)进行主应力的修正，为

$$\begin{aligned} \sigma_{1-\text{new}} &= \sigma_1 - [\sigma_3 - \sigma_t(t)]\frac{\alpha_2}{\alpha_1} \\ \sigma_{2-\text{new}} &= \sigma_2 - [\sigma_3 - \sigma_t(t)]\frac{\alpha_2}{\alpha_1} \\ \sigma_{3-\text{new}} &= \sigma_t(t) \end{aligned} \tag{2.65}$$

将经过莫尔-库仑准则及最大拉应力准则修正后的主应力转换至整体坐标系，根据有限元法计算由单元应力贡献出的节点力。

同时，根据当前时步的等效塑性剪应变及等效塑性体应变，对黏聚力及抗拉强度值进行折减，为

$$\begin{aligned} c(t+\Delta t) &= -c_0\gamma_{\text{p}} / \gamma_{\text{lim}} + c \\ \sigma_t(t+\Delta t) &= -\sigma_{t0}\varepsilon_{\text{p}} / \varepsilon_{\text{lim}} + \sigma_t \end{aligned} \tag{2.66}$$

式中，$c(t+\Delta t)$ 及 $\sigma_t(t+\Delta t)$ 为下一时步的黏聚力及抗拉强度值；Δt 为计算时步；c_0 及 σ_{t0} 为初始时刻的黏聚力及抗拉强度值；γ_{p} 及 ε_{p} 为当前时刻等效塑性剪应变及等效塑性体应变；γ_{lim} 及 ε_{lim} 为剪切断裂应变及拉伸断裂应变。

基于拉剪复合应变软化模型，可以定义三类损伤因子，分别为拉伸损伤因子 α、剪切损伤因子 β 和联合损伤因子 χ

$$\begin{aligned} \alpha &= 1 - \sigma_t(t) / \sigma_t \\ \beta &= 1 - c(t) / c \\ \chi &= 1 - (1-\alpha)(1-\beta) \end{aligned} \tag{2.67}$$

根据式(2.66)，可绘制出单元黏聚力及抗拉强度随等效塑性剪应变及等效塑性体应变的变化规律(图 2.14)。

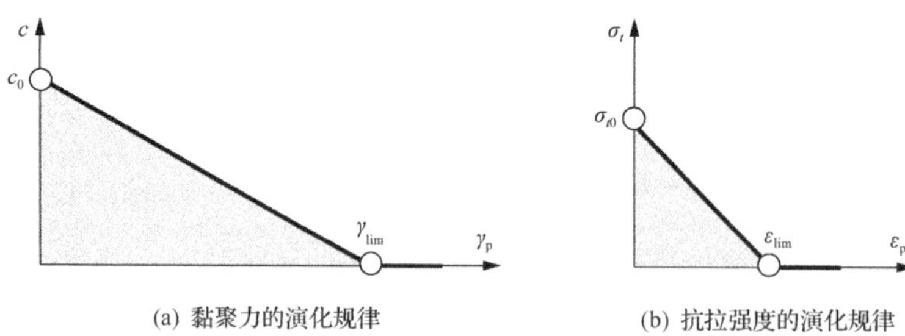

(a) 黏聚力的演化规律　　(b) 抗拉强度的演化规律

图 2.14　岩体强度与塑性应变的对应关系

图 2.14 中阴影部分的面积乘以单元体积 V，即可获得单元发生剪切断裂所消耗的能量 E_s 及发生拉伸断裂所消耗的能量 E_t，为

$$\begin{aligned} E_s &= V\sigma_{t0}\gamma_{\lim} / 2 \\ E_t &= Vc_0\gamma_{\lim} / 2 \end{aligned} \tag{2.68}$$

不同剪切损伤因子及拉伸损伤因子下单元所消耗的能量可表述为

$$\begin{aligned} E_s &= \alpha V\sigma_{t0}\gamma_{\lim} / 2 \\ E_t &= \beta Vc_0\gamma_{\lim} / 2 \end{aligned} \tag{2.69}$$

5. 接触检索及接触力的求解

离散元中最重要的两个步骤是接触检测及接触力的计算，采用半弹簧–半棱联合接触模型进行接触对的快速标记及接触力的精确求解[89,90]。

半弹簧由单元顶点缩进至各棱(二维)或各面(三维)内形成；半棱仅在三维情况下起作用，由各面面内相邻的半弹簧连接而成(图 2.15)。图 2.15 的二维三角形中共包含 6 个半弹簧，三维四面体中共包含 12 个半弹簧及 12 个半棱。半弹簧形成时，缩进距离一般取顶点到各棱或各面中心距离的 1%～5%(一般取 5%)。由于半弹簧及半棱找到对应的目标面及目标棱后，方能构建出完整的接触，因此称之为“半”弹簧及“半”棱(图 2.16)。

由于半弹簧、半棱均位于各棱(二维)或各面(三维)内，因此均具有各自的特征面积(二维情况下取单位厚度)，为

$$A_{\mathrm{SS}} = \frac{A_{\mathrm{face}}}{N_{\mathrm{v}}} \tag{2.70}$$

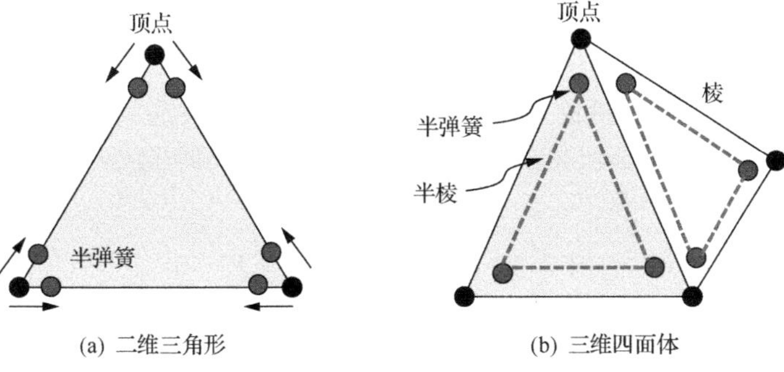

图 2.15　半弹簧-半棱示意

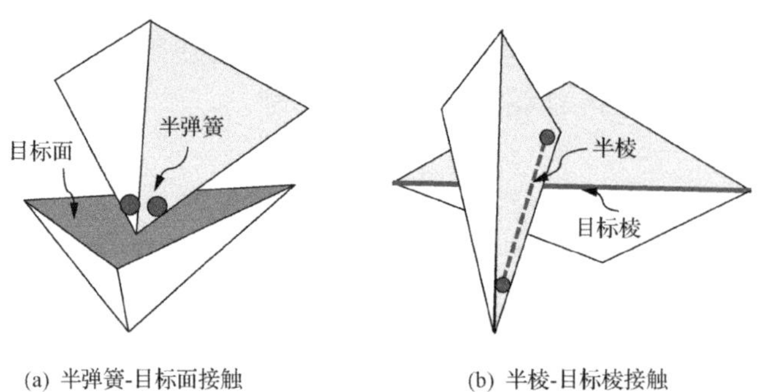

(a) 半弹簧-目标面接触　(b) 半棱-目标棱接触

图 2.16　两类接触对

$$A_{SE} = A_{SS-i} + A_{SS-j} \tag{2.71}$$

式中，A_{SS}，A_{SE} 为半弹簧、半棱的特征面积；A_{face} 为半弹簧、半棱所在母面的面积；N_v 为所在母面的顶点数；A_{SS-i}，A_{SS-j} 为组成半棱的两根半弹簧的面积。

利用上述方法构建接触对时，包含初步检测及精确检测等两个步骤。初步检测用于筛选出当前时步与半弹簧或半棱可能接触的单元，并形成相应的单元集合；为了加速搜索计算，本节采用了子空间法及潜在接触块体链表法。精确检测时，分别循环每个单元的每条棱(二维)或每个面(三维)，判断半弹簧是否存在目标面(棱)，半棱是否存在目标棱。

半弹簧-半棱联合接触模型将二维情况下的三类接触关系转化为半弹簧-目标棱的关系，将三维情况下的六类接触关系转化为半弹簧-目标面及半棱-目标棱等两类关系，从而简化了计算，提升了接触检索效率。

接触对建立完毕后，在每个接触对上创建法向及切向弹簧，并利用式(2.72)进行弹性接触力的计算。其中，F_n、F_s 为法向、切向接触力，K_n、K_s 为法向、切向接触刚度，Δd_n、Δd_s 为法向、切向相对位移增量。

$$\begin{aligned} F_n(t+\Delta t) &= F_n(t) - K_n \times \Delta d_n \\ F_s(t+\Delta t) &= F_n(t) - K_s \times \Delta d_s \end{aligned} \tag{2.72}$$

为了计算材料的渐进破坏过程，引入了莫尔-库仑准则及最大拉应力准则(式 2.73)。其中 T 为当前时步的抗拉强度，c 为当前时步的黏聚力，ϕ为内摩擦角，A 为接触面积。

$$\begin{aligned} &(1)\text{If} \quad -F_n \geqslant TA,\ F_n = F_s = 0 \\ &\quad \text{next step}\ \ C=0, T=0 \\ &(2)\text{If} \quad F_s \geqslant F_n \tan\phi + CA \\ &\quad F_s = F_n \tan\phi + CA \\ &\quad \text{next step}\ \ C=0, T=0 \end{aligned} \tag{2.73}$$

为了更好地表征钻进过程中材料的应变率效应对材料动态强度的影响，将界面的黏聚力及抗拉强度与界面的切向应变率及法向应变率建立了联系式(2.74)。

$$\begin{aligned} C &= C_0[1+\alpha\ln(1+\dot{\gamma})] \\ T &= T_0[1+\alpha\ln(1+\dot{\varepsilon})] \end{aligned} \tag{2.74}$$

式中，C_0、T_0 为静态时的黏聚力及抗拉强度；$\dot{\gamma}$、$\dot{\varepsilon}$ 为界面上的切向及法向应变率；α 为应变率系数。

2.3.2　岩土体塑性区分布与钻头静压力关系数值解

基于薄壁金刚石钻头的设计图(图 2.17)，建立如图 2.18 所示的钻头钻进数值模型。

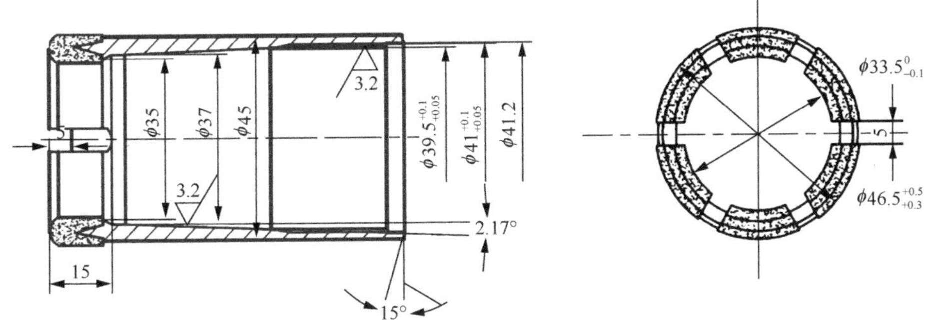

图 2.17　薄壁金刚石钻头设计图

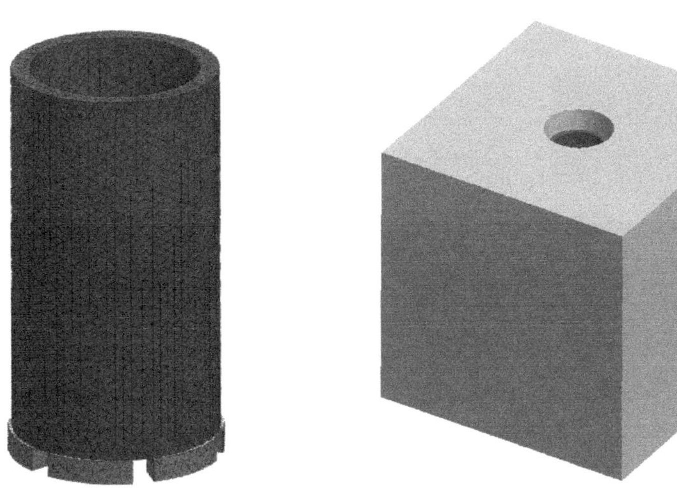

图 2.18　钻头钻进过程数值模型

上述数值模型中，钻孔的直径为 5.0cm、钻头直径为 4.65cm，土体的尺寸为 20cm×20cm×20cm。考虑到模型的对称性，采用 1/2 模型进行研究，如图 2.19 所示。该 1/2 模型共包含 11.4 万个单元，且钻头底面与土体共节点，以确保钻头上的力能够传递到土体中。

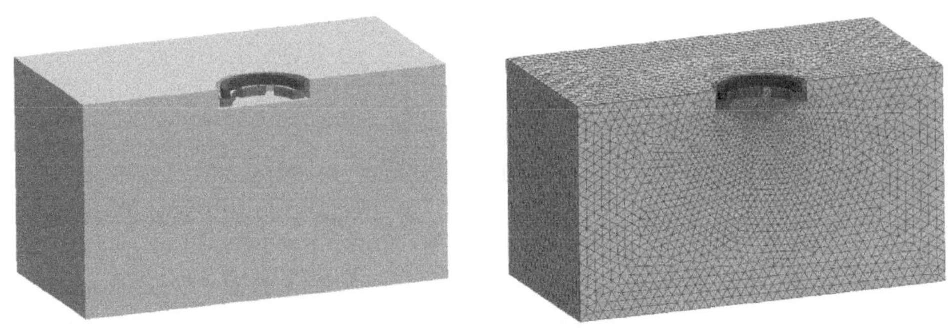

图 2.19　钻头钻进过程的 1/2 数值模型

数值计算时，土体的四周及底部均为法向约束，在钻头顶面施加法向面力。土体采用莫尔-库仑模型进行描述，弹性模量为 0.1GPa、泊松比为 0.3、黏聚力为 0.1MPa、内摩擦角为 28°；钻头采用线弹性模型进行描述，弹性模量为 206GPa、泊松比为 0.25。

共研究 0.25kN、0.5kN、1.0kN、2.0kN、4.0kN 及 8.0kN 等 6 种静态轴压下，土体中塑性区的分布情况。具体如图 2.20 所示。

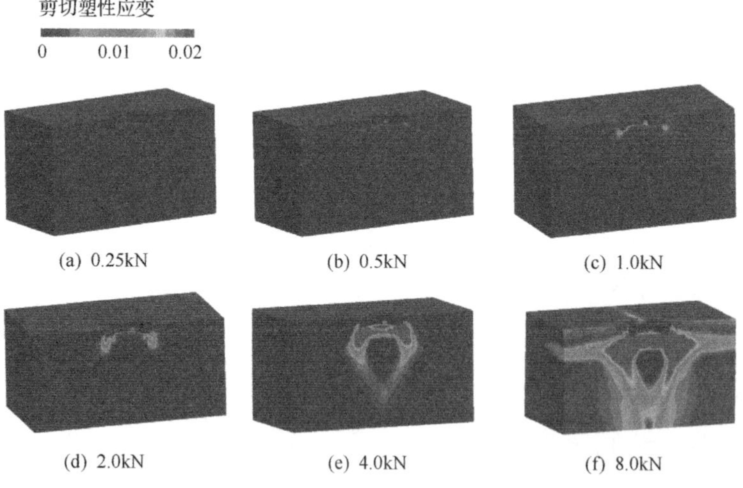

图 2.20　不同轴压下的塑性区分布

由图 2.20 可得，0.25kN 时，土体中未出现剪切破坏；当轴压在 0.5kN 及 1.0kN 时，在钻齿周边出现了局部塑性破坏，但剪切塑性应变较小；当轴压在 2.0kN 时，钻齿周边的塑性破坏区域逐渐增大，且局部区域的塑性应变已经超过了 2%；当轴压为 4.0kN 时，钻头底部出现了较大范围的塑性破坏，并形成了圆锥形的剪切滑移区域；当轴压为 8.0kN 时，钻头底部的塑性滑移区域进一步增大，且周边的土体也出现了滑移隆起的现象。

轴力与钻头底部塑性区深度间的关系如图 2.21 所示。由图可得，当轴力小于 0.5kN 时，塑性区深度为 0；当轴力大于 1.0kN 时，随着轴力的增加，塑性区深度基本呈线性增大的趋势。

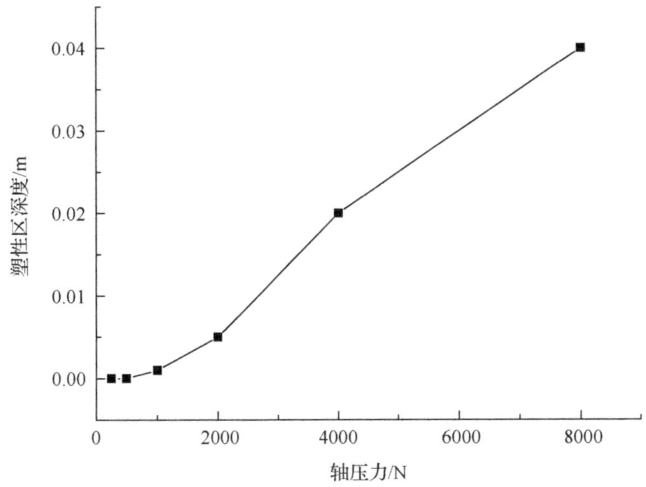

图 2.21　钻头轴力与钻头底部塑性区深度的对应关系

2.4　旋转触探数值计算

2.4.1　计算模型及参数

为了研究钻头的旋转钻进破岩过程，建立如图 2.22 所示的薄壁金刚石钻头破岩数值模型。该模型中钻头尺寸与图 2.17 的尺寸一致，岩体尺寸为 16cm×16cm×8cm。钻头的几何外形采用刚性面单元进行描述，共剖分三角形单元 3850 个；岩体采用六面体单元进行描述，共剖分六面体单元 60 万个。

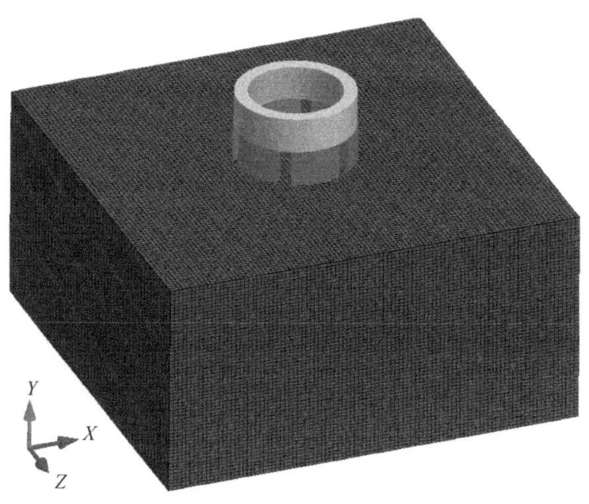

图 2.22　薄壁金刚石钻头旋转钻进模型

钻头的钻进破岩过程涉及将分米量级的岩石破碎为毫米量级的岩粉，尺度跨了 3 到 4 个量级。数值计算时受计算时步及计算量的限制，无法采用真实动力学模型进行分析计算。因此，数值模拟时忽略岩体的动态力学特性，采用虚拟质量法进行钻头破岩过程的研究。

设钻头的推进力为 10kN(通过伺服接触面的压力实现)，虚拟钻速为 0.0002 转/步，系统阻尼为 0.8。通过改变岩体的强度，重点研究不同岩体强度下钻头进尺速度及钻头扭矩的变化规律。

数值计算时，岩体的四周及底部均为法向约束，在钻头顶部施加受 10kN 伺服压力控制的速度荷载。

岩体采用考虑软化效应的莫尔-库仑模型进行描述。岩体的基础参数如表 2.1 所示。

表 2.1　岩体基础材料参数

密度/(kg/m^3)	弹性模量/GPa	泊松比	黏聚力/MPa	内摩擦角/(°)	抗拉强度/MPa	剪胀角/(°)	单元溶蚀应变/%
2000	10	0.25	5	35	5	15	20

共开展 8 组强度参数下的钻进规律研究，分别探讨黏聚力(抗拉强度与黏聚力取相同值)及内摩擦角对进尺速度及扭矩的影响规律。研究黏聚力(抗拉强度)的影响时，黏聚力(c)及抗拉强度(σ_t)的取值分别为 1MPa、2.5MPa、5MPa 及 10MPa，其他所有参数取表 2.1 中的基础值。研究内摩擦角的影响时，内摩擦角的取值分别为 15°、25°、35°及 45°，其他所有参数取表 2.1 中的基础值。

2.4.2 黏聚力与旋压触探动态参数关系

黏聚力(抗拉强度)为 5MPa 时的钻进过程如图 2.23 所示。由图可得，随着钻头的旋转推进，在钻齿附近出现应力集中区，岩体逐渐破裂溶蚀，并在钻头中部出现岩心。

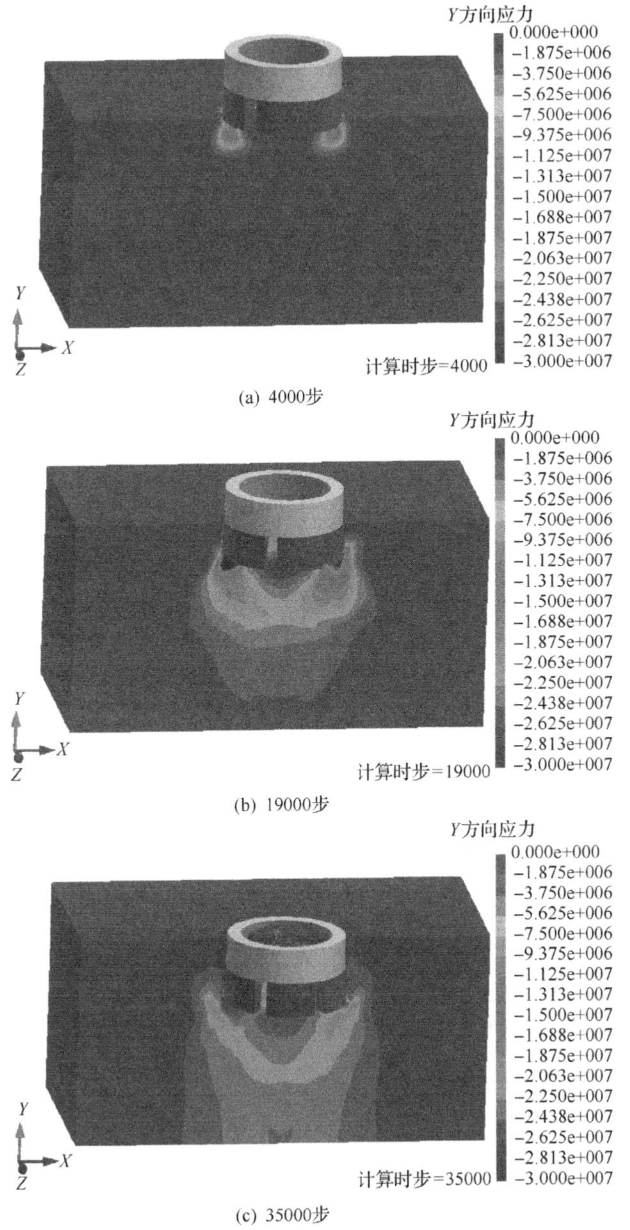

(c) 35000步

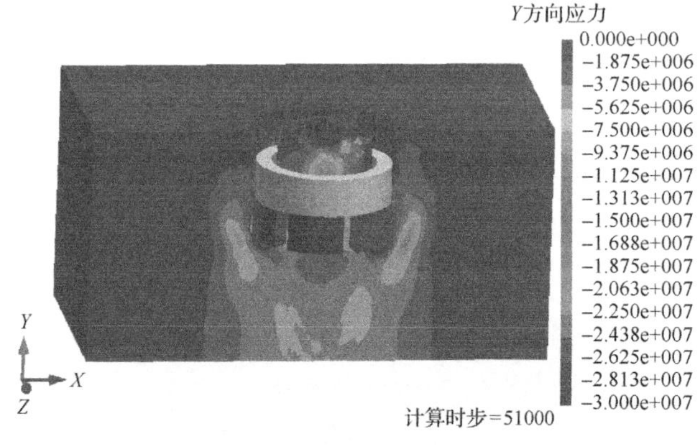

(d) 51000步

图 2.23 岩体强度为 5MPa 时的钻进过程(竖向应力云图)

钻头旋转 10 圈后，不同强度岩体对应的钻头侵入情况如图 2.24 所示。由图可得，随着岩体强度的增加，钻头的侵入深度逐渐变浅。

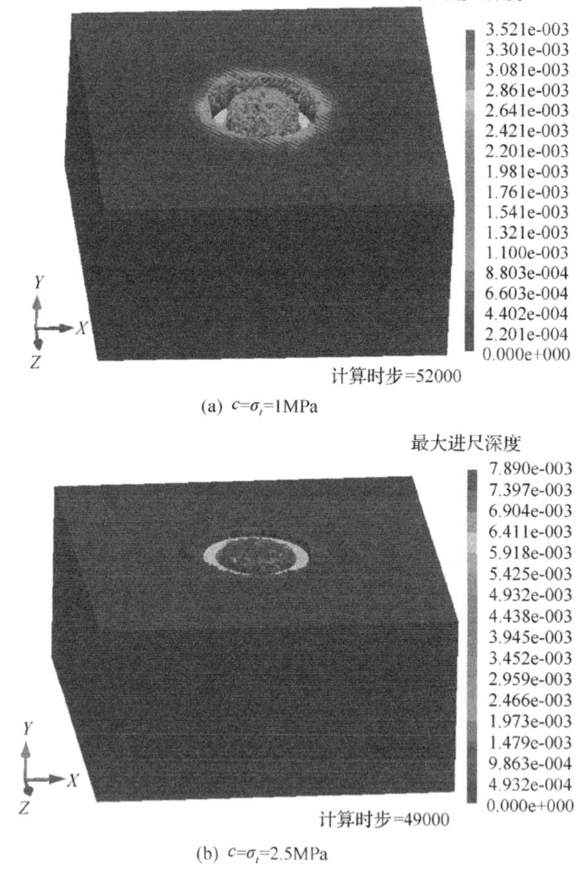

(a) $c=\sigma_t$=1MPa

(b) $c=\sigma_t$=2.5MPa

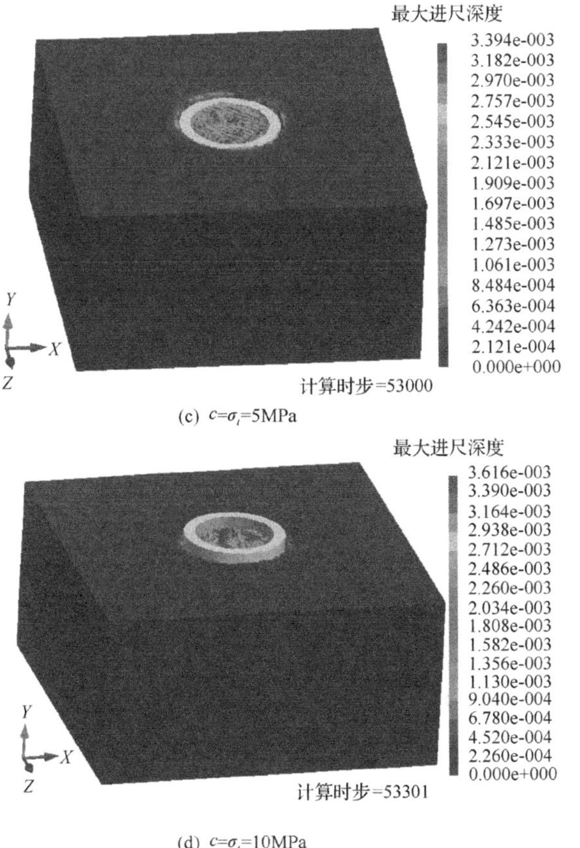

(c) $c=\sigma_t=5$MPa

(d) $c=\sigma_t=10$MPa

图 2.24　钻头旋转 10 圈后侵入深度与岩体强度的对应关系(总位移云图)

不同岩体强度下，钻头的进尺与钻头旋转圈数的对应关系如图 2.25 所示。由

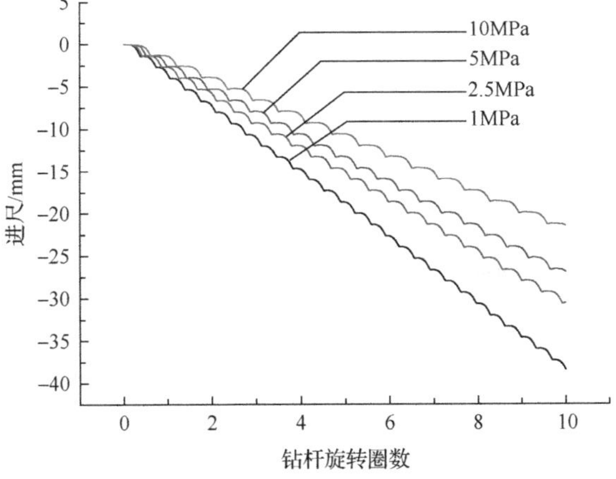

图 2.25　钻头进尺与旋转圈数的对应关系

图可得，随着钻杆旋转圈数的增加，进尺基本呈线性增加趋势；且随着岩体强度的增加，相同旋转圈数对应的进尺逐渐减小。图 2.26 中每一条进尺曲线均包含若干段波浪线组成，每段波浪线包含平缓段及速降段等两个阶段；平缓段为钻杆旋转破岩的过程，岩体在旋转荷载作用下逐渐出现压剪破坏，但钻头几乎不发生进尺；速降段为发生剪切破坏的岩石被水流冲走(数值计算时采用单元溶蚀算法实现)，钻头近乎在无阻力下加速下行的过程。

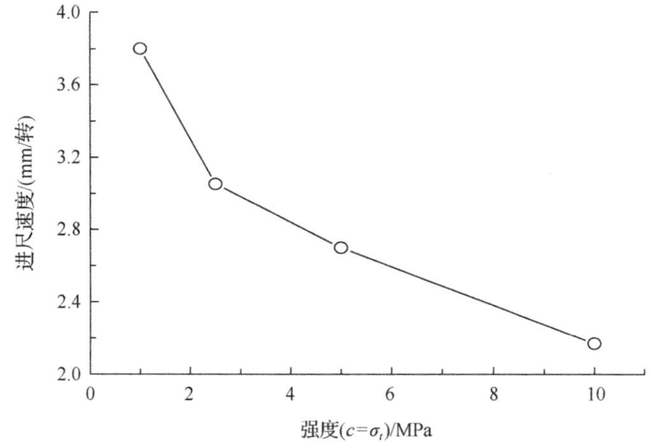

图 2.26　钻头进尺速度与岩体强度的对应关系

对图 2.25 进一步分析，可获得不同岩体强度下的进尺速度，并可绘制出进尺速度与岩体强度的对应关系(图 2.26)。由图可得，随着岩体强度的增加，钻头的进尺速度逐渐减小，但减小趋势逐渐变缓。岩体强度为 1MPa 时，进尺速度约为 3.8mm/转；岩体强度为 10MPa 时，进尺速度减小为 2.2mm/转。

不同岩体强度下扭矩的变化规律如图 2.27 所示。由图可得，随着钻头旋转圈

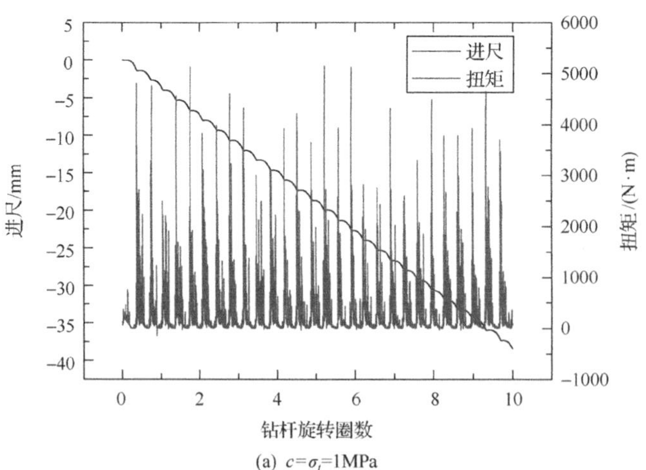

(a) $c=\sigma_t$=1MPa

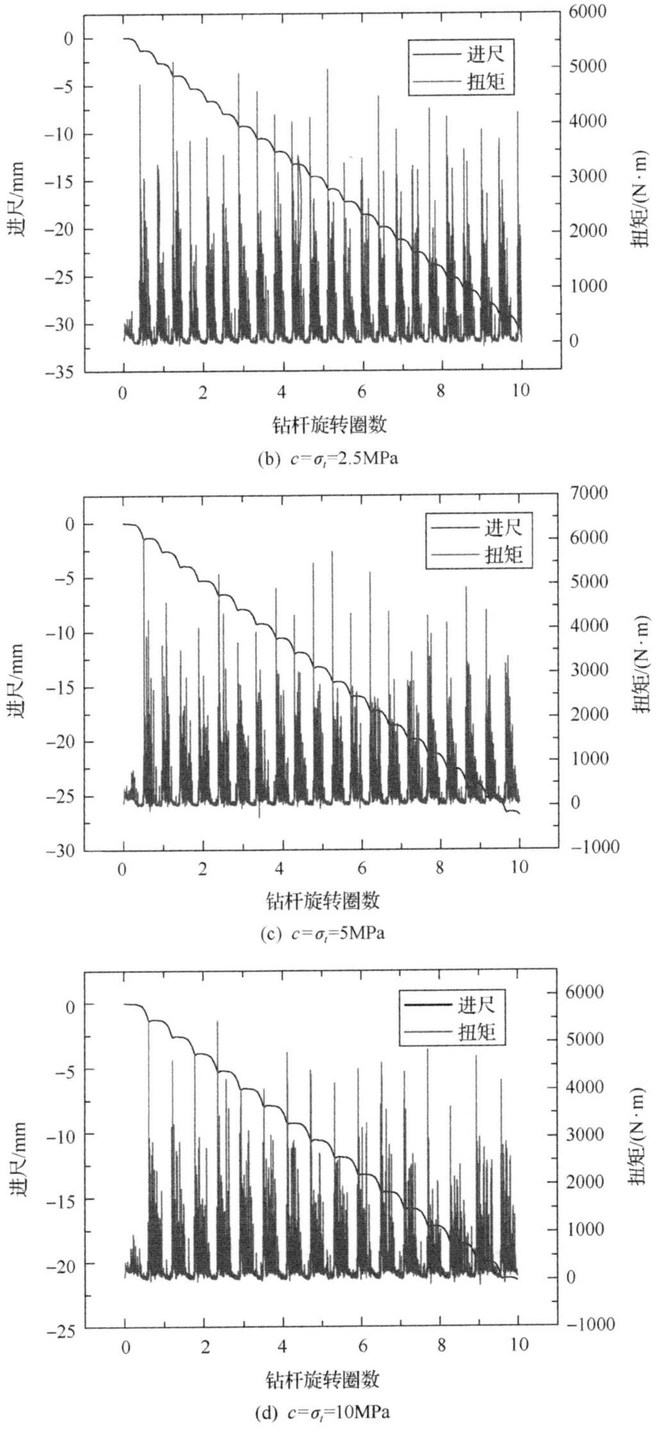

(b) $c=\sigma_t$=2.5MPa

(c) $c=\sigma_t$=5MPa

(d) $c=\sigma_t$=10MPa

图 2.27　不同强度下扭矩随旋转圈数的变化规律

数的增加，扭矩呈周期性的变化。其中，扭矩主要发生于进尺的缓变段，峰值往往出现于缓变段的早期(钻头撞击岩面产生的超压导致)；在进尺的速降段，由于钻头底部近乎悬空，钻头上的扭矩几乎为零。

钻头的平均扭矩随岩体强度的变化规律如图 2.28 所示。由图可得，随着岩体强度的增大，钻头上的平均扭矩逐渐增大，但增大趋势逐渐变缓。岩体强度为 1MPa 时，平均扭矩约为 250N·m；岩体强度为 10MPa 时，平均扭矩增加为 340N·m。

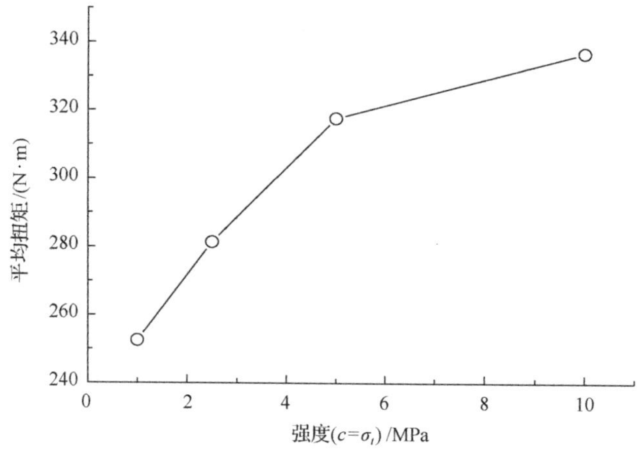

图 2.28　平均扭矩与岩体强度的对应关系

2.4.3　内摩擦角与旋压触探动态参数关系

不同内摩擦角下，钻杆旋转 10 圈后对应的钻进情况如图 2.29 所示。由图可得，内摩擦角对钻杆的进尺速度影响不大，各内摩擦角下的进尺基本一致。

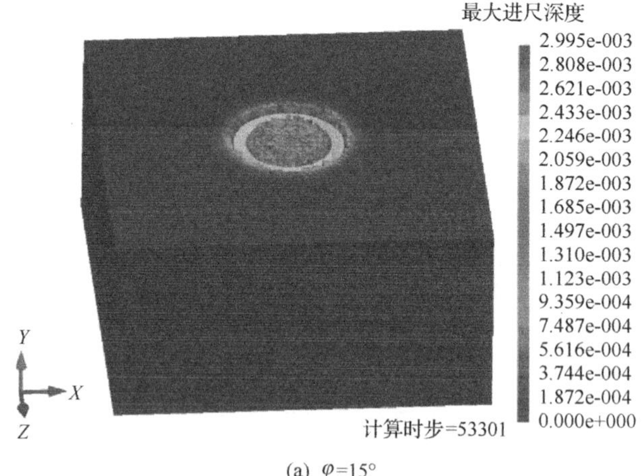

(a) φ=15°

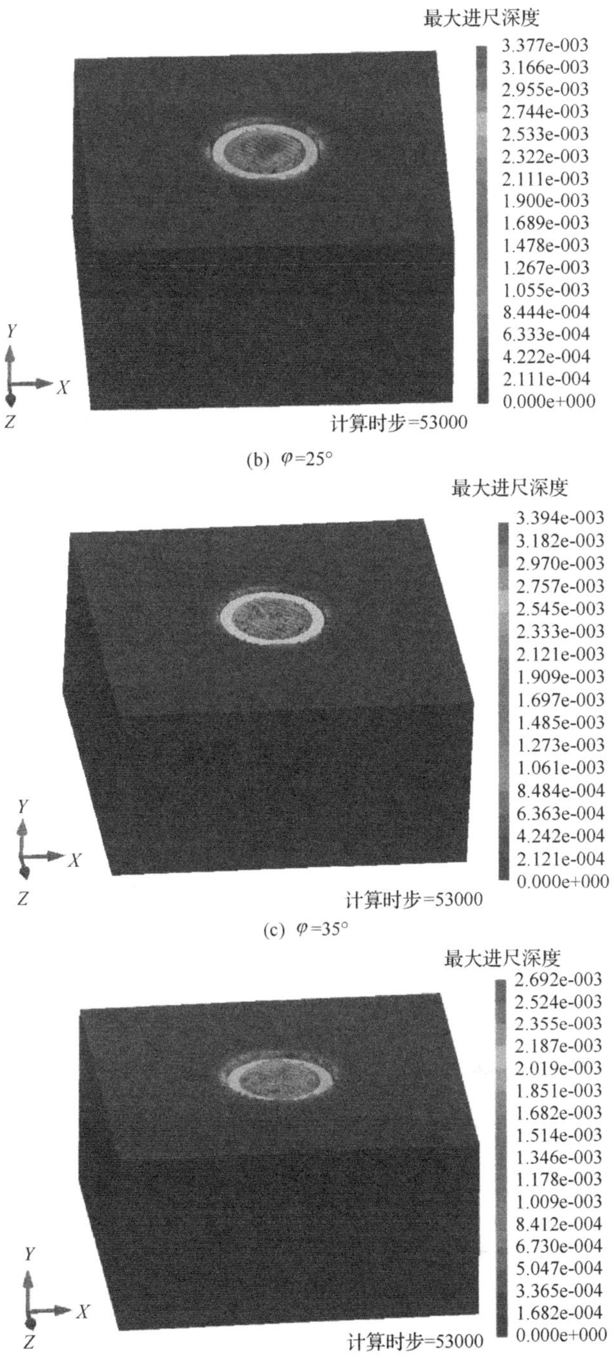

图 2.29　不同内摩擦角下钻杆旋转 10 圈对应的钻进情况

不同内摩擦角下，钻杆进尺随旋转圈数的变化规律如图 2.30 所示。由图可得，随着旋转圈数的增加，进尺基本呈线性增大的趋势。由于采用了单元溶蚀算法，每一阶段均存在水平段及速降段等两个阶段。由图 2.30 还可以看出，不同内摩擦角下的进尺变化规律基本一致，仅数值略有差别。

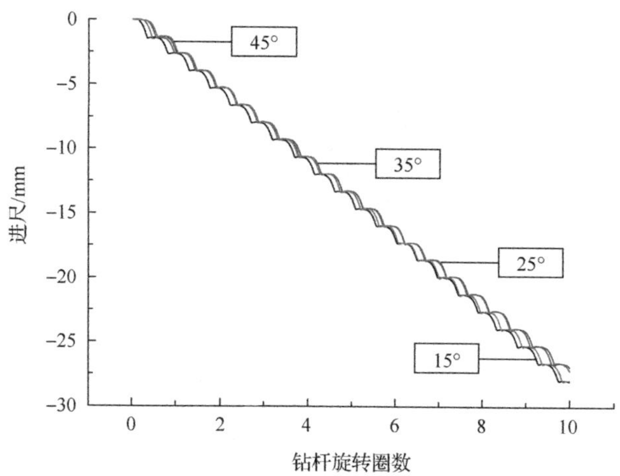

图 2.30　不同内摩擦角下钻杆进尺随旋转圈数的变化规律

根据钻杆进尺与钻杆旋转圈数的关系计算进尺速度，获得进尺速度随内摩擦角的变化规律，具体如图 2.31 所示。由图可得，随着内摩擦角的增大，进尺速度呈现先减小后增大的趋势，但总体变化不大。

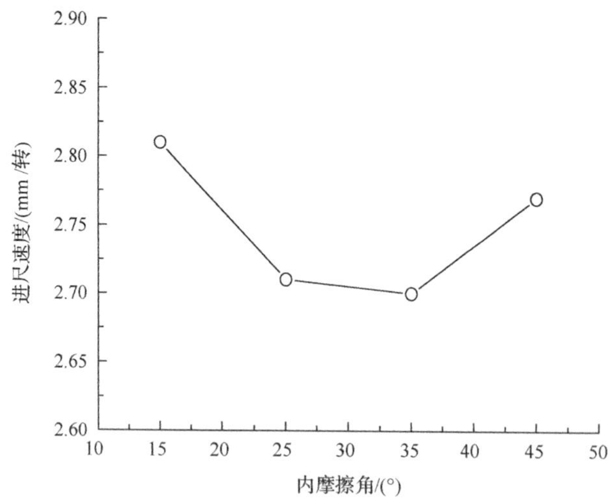

图 2.31　进尺速度与内摩擦角的对应关系

钻杆上的平均扭矩随内摩擦角的变化规律如图 2.32 所示。由图可得，随着内摩擦角的增大，平均扭矩逐渐变大，但变大趋势有所减缓。内摩擦角从 15°增加至 45°，平均扭矩从 208N·m 增加至 350N·m。

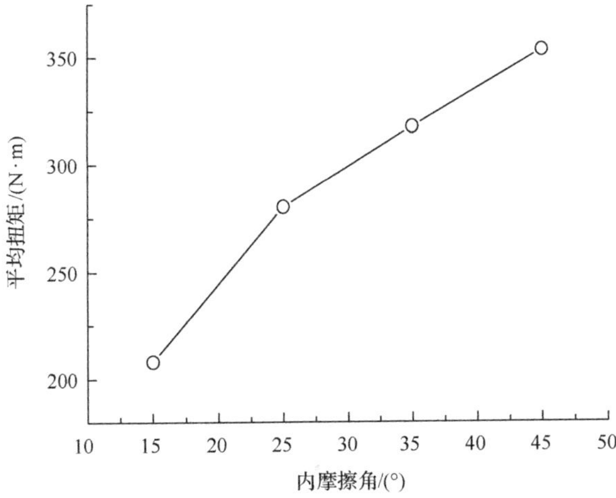

图 2.32　钻杆平均扭矩与内摩擦角的对应关系

第 3 章　模型岩土体细观力学实验研究

岩土体细观力学性质对岩土工程具有重要意义，本章通过室内试验，研究了不同类型岩土体在不同初始条件下的细观强度特性，明确了含水率与密实度两个关键因素对岩土体无侧限抗压强度、黏聚力、内摩擦角的影响规律。

3.1　模型岩土体细观力学测试

3.1.1　细观力学试验仪器

无侧限抗压强度试验、三轴试验是确定岩土体细观力学参数的重要试验方法，使用 TSZ-1 型三轴仪，开展不同类型土在不同含水率(5%、10%、15%)，不同围压(0MPa、0.12MPa、0.18MPa、0.24MPa、0.42MPa)条件下的单/三轴剪切试验，研究含水率、压实度对单轴抗压强度、黏聚力、内摩擦角的影响规律。如图 3.1 所示。

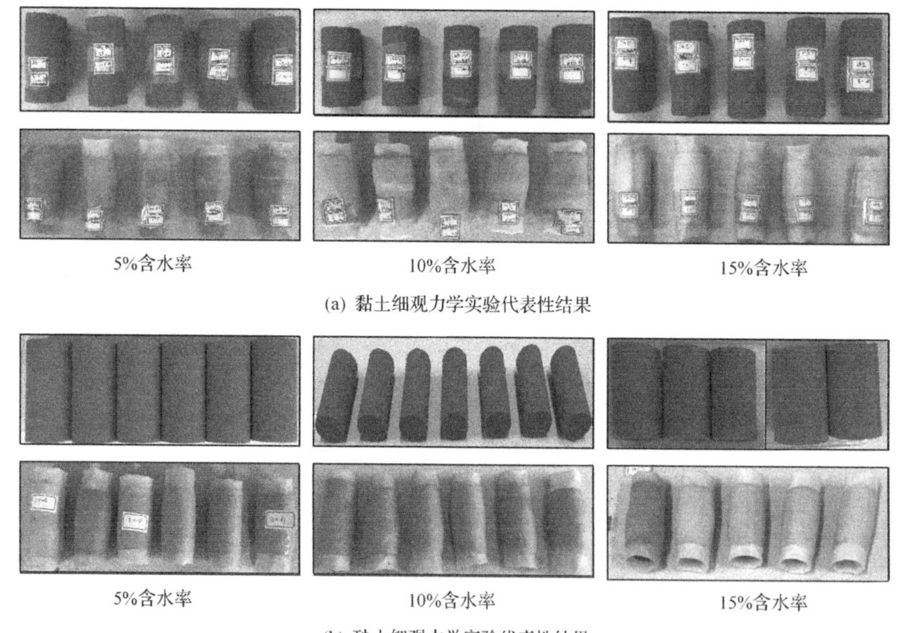

图 3.1　黏土、砂土细观力学实验代表性结果图

3.1.2　不同初始条件黏土细观力学测试结果

土体无侧限抗压强度、黏聚力、内摩擦角是其关键细观力学指标，综合反映

了土体承载特性、力学特性，是研究土体力学性质必不可少的关键指标。开展黏土、砂土在不同含水率、不同围压条件下的单/三轴剪切试验，得到不同初始条件下黏土单轴抗压强度、黏聚力、内摩擦角变化规律。

1. 单轴抗压强度试验结果

(1) 图3.2是5%含水率条件下不同密实度砂土无侧限抗压强度试验结果。

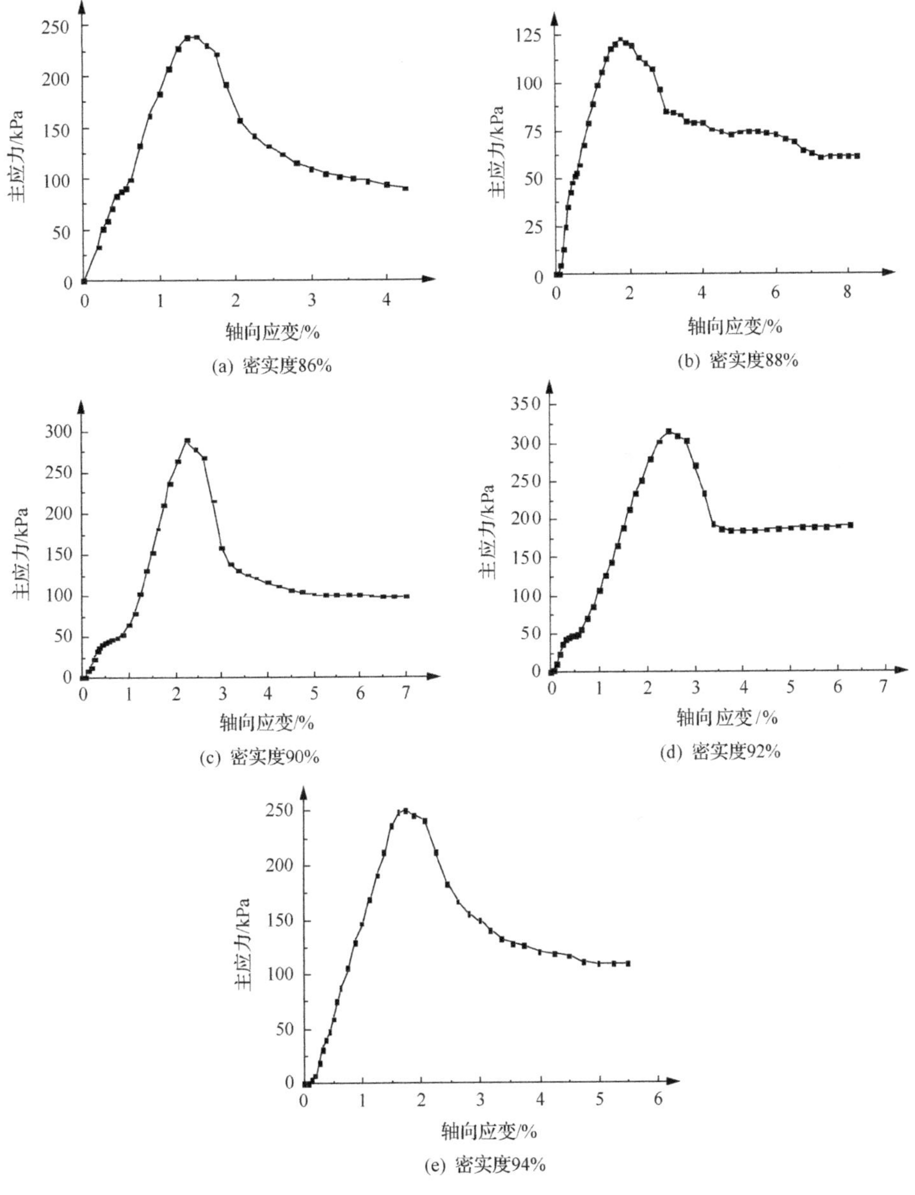

图3.2 5%含水率试验结果

(2)图 3.3 是 10%含水率条件下不同密实度砂土无侧限抗压强度试验结果。

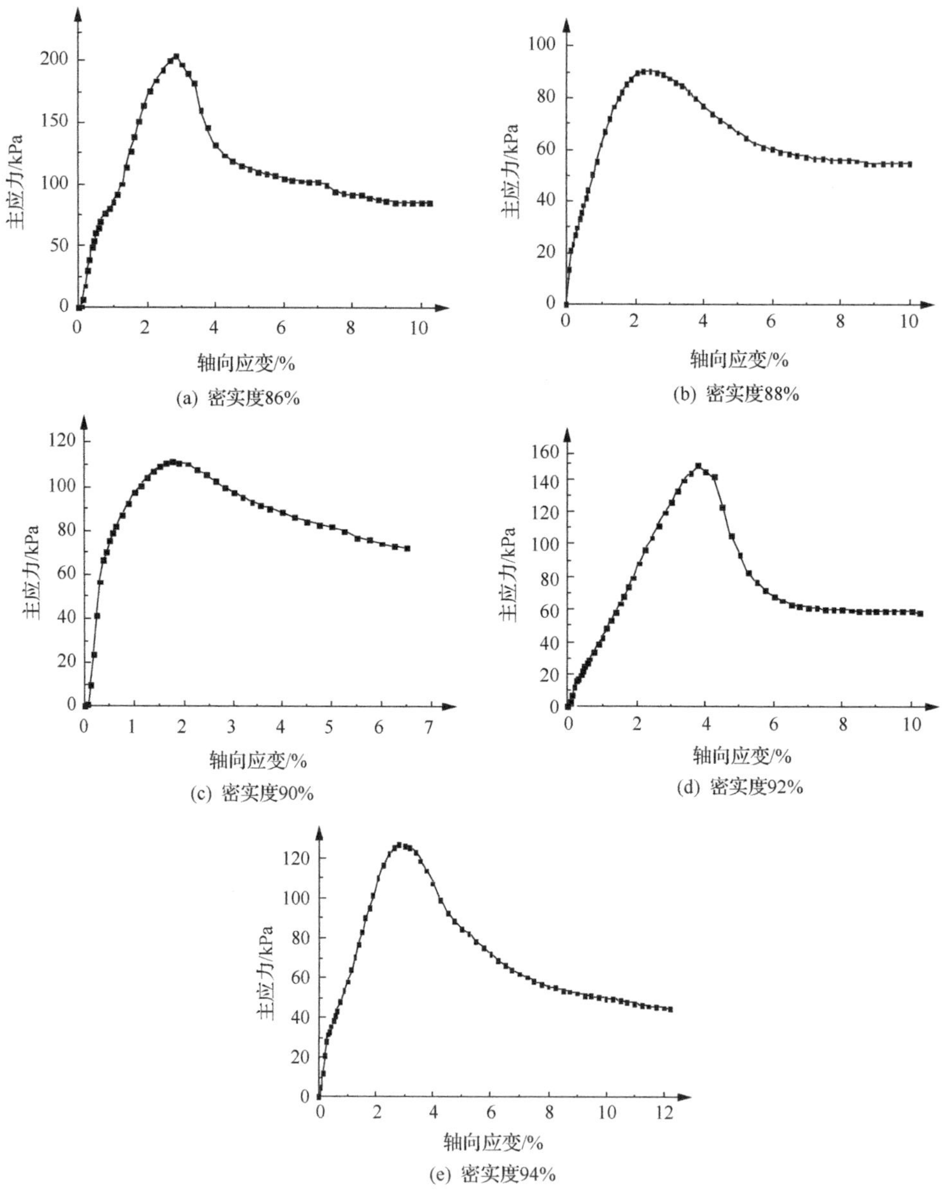

图 3.3　10%含水率试验结果

(3)图 3.4 是 15%含水率条件下不同压实度砂土无侧限抗压强度试验结果。

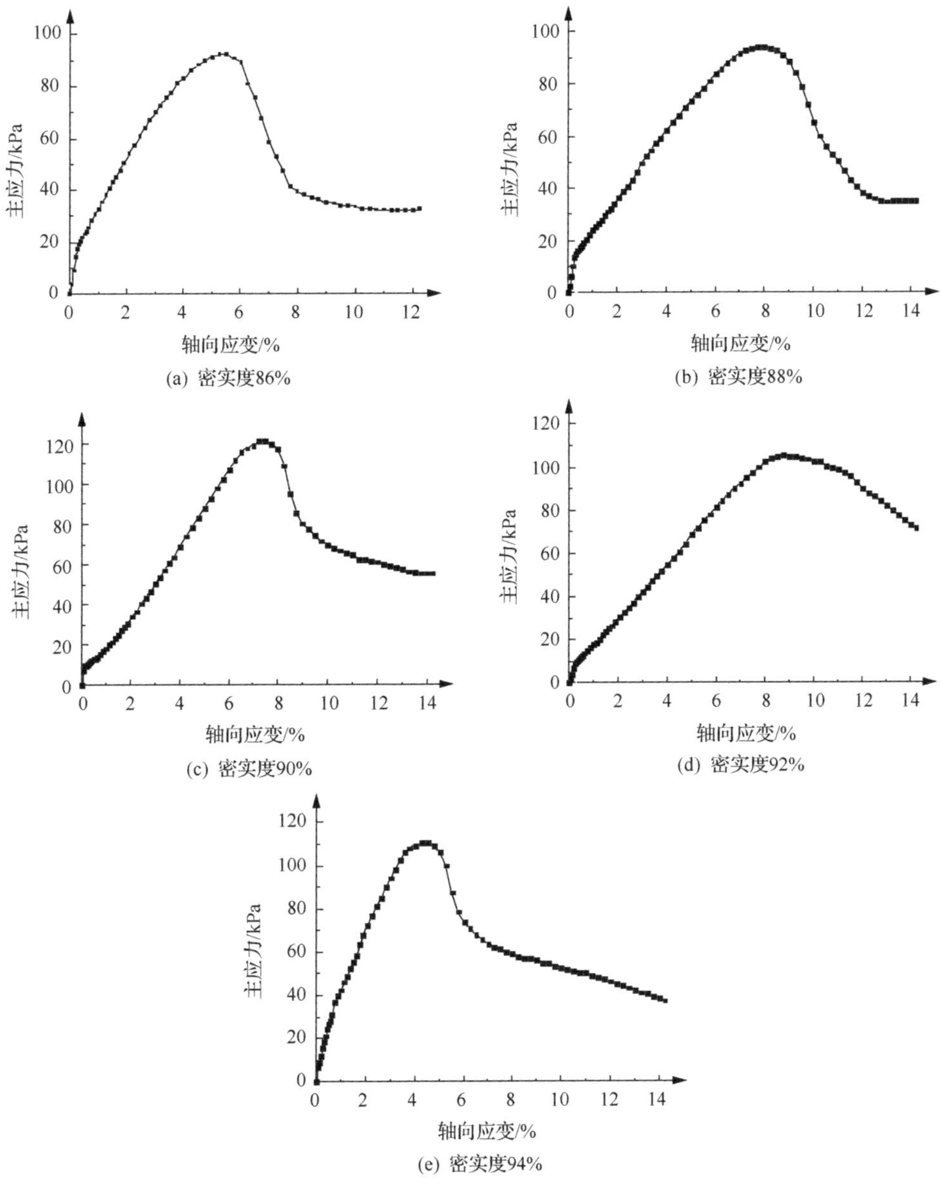

图 3.4　15%含水率试验结果

2. 三轴试验结果

图 3.5～图 3.7 为不同含水率(5%、10%、15%)、不同密实度(86%、88%、90%、92%、94%)条件下黏土三轴试验结果。

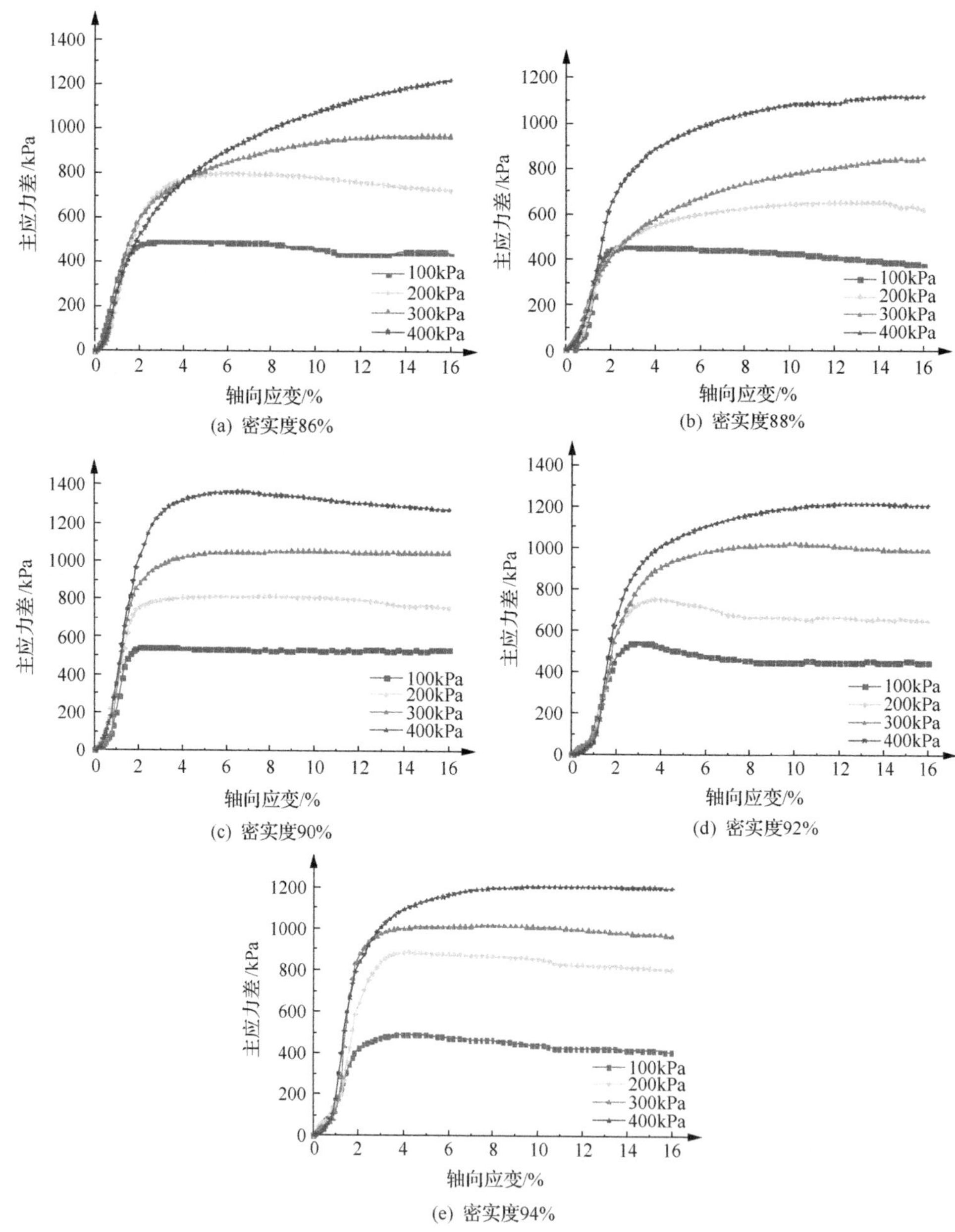

(a) 密实度86%

(b) 密实度88%

(c) 密实度90%

(d) 密实度92%

(e) 密实度94%

图 3.5　5%含水率试验结果(三轴)

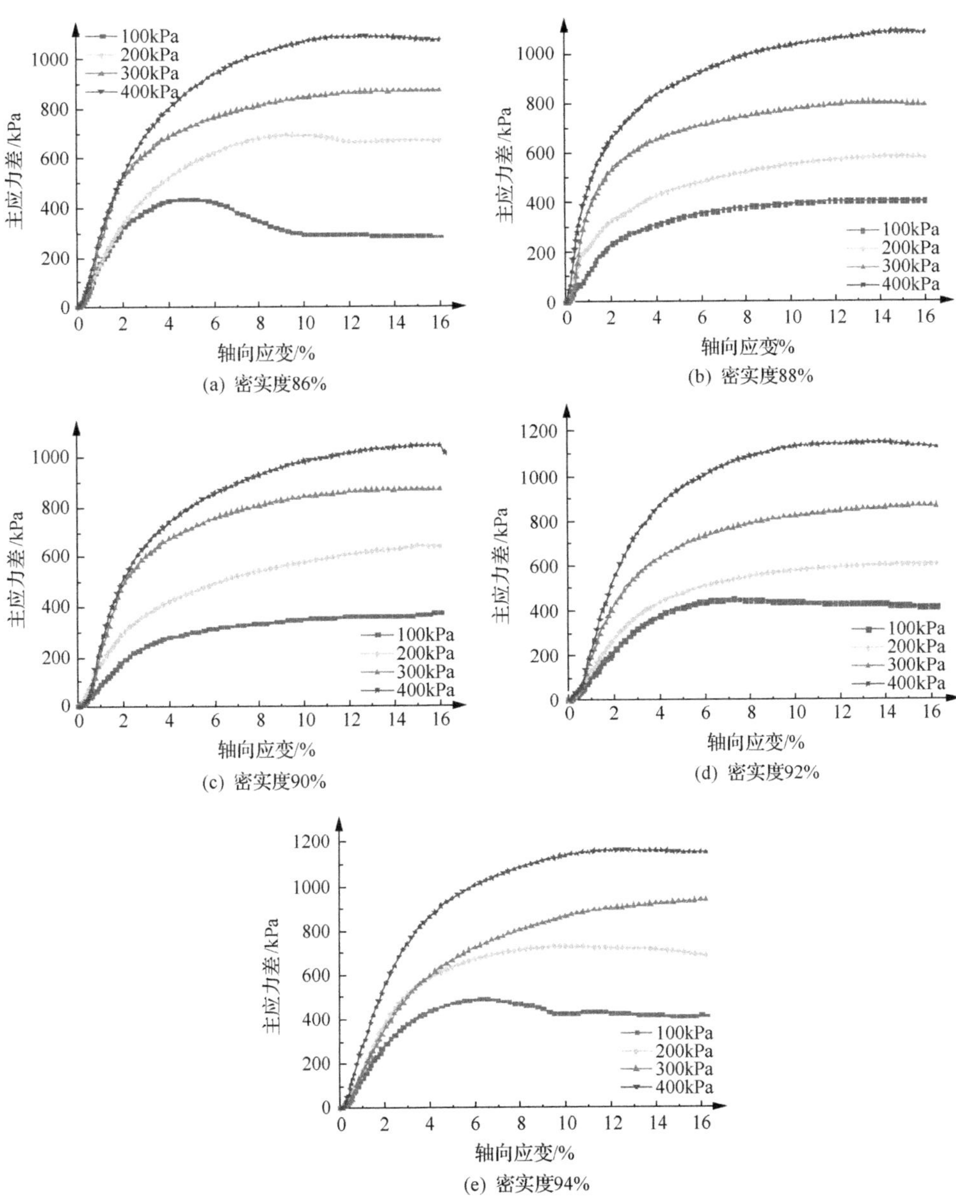

图 3.6　10%含水率试验结果(三轴)

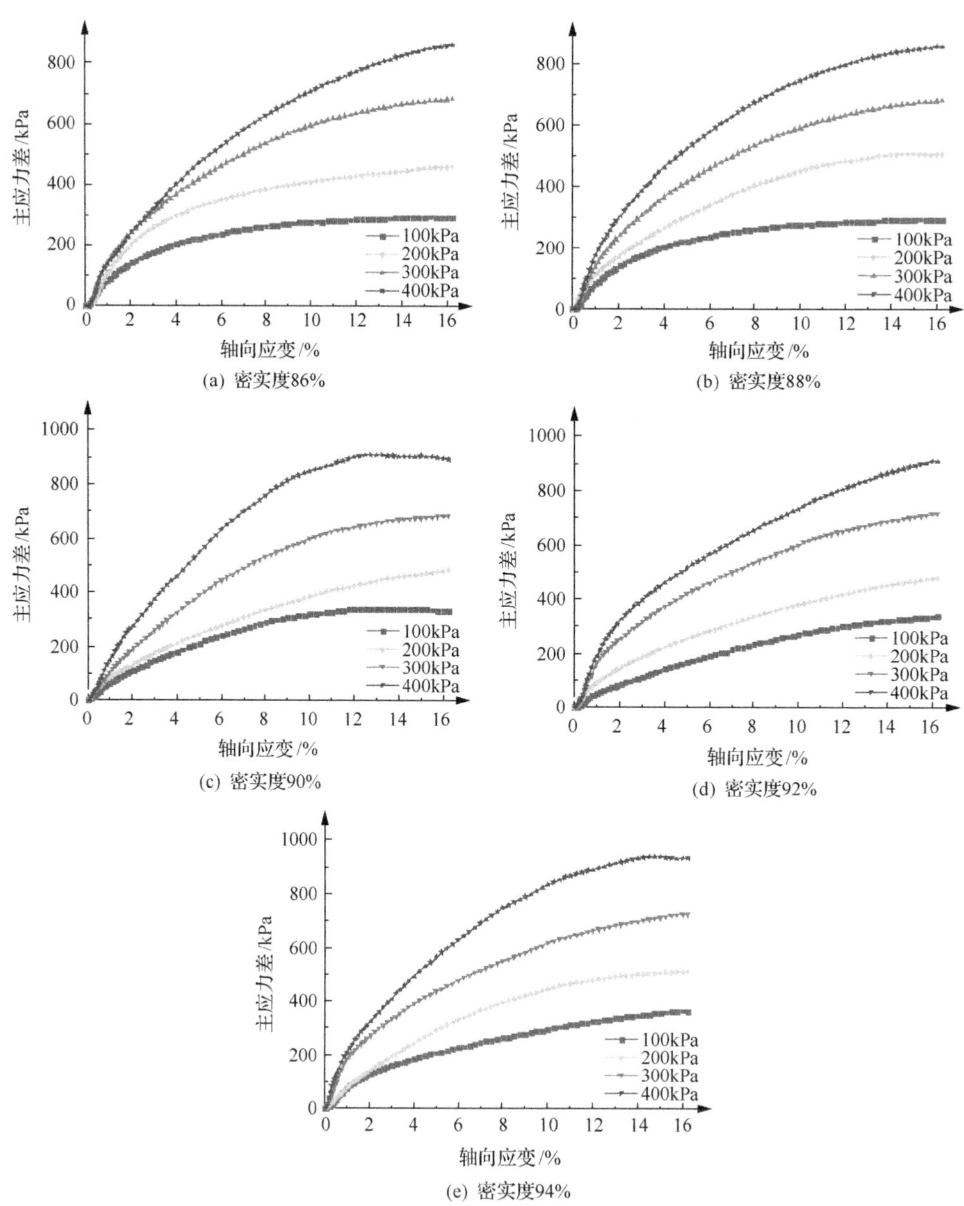

图 3.7　15%含水率试验结果(三轴)

3. 试验结果统计(表 3.1)

表 3.1　不同初始条件下黏土细观力学指标统计表

含水率/%	密实度/%	单轴抗压强度/kPa	黏聚力/kPa	内摩擦角/(°)
5	86	238.80	81.12	32.24
	88	123.20	62.23	31.47
	90	288.90	70.05	35.03
	92	315.00	85.12	32.25
	94	250.00	89.88	32.24
10	86	204.00	69.11	30.01
	88	90.38	43.31	32.08
	90	111.30	46.81	32.03
	92	148.12	47.99	32.79
	94	126.40	74.97	31.82
15	86	92.10	26.76	29.63
	88	94.30	35.63	28.80
	90	121.79	39.52	29.12
	92	105.30	40.61	29.22
	94	117.60	44.85	29.40

3.1.3　不同初始条件砂土细观力学测试结果

砂土的无侧限抗压强度、黏聚力、内摩擦角是评价其力学性质的关键指标，而含水率和压实度是影响无侧限抗压强度、黏聚力、内摩擦角的两大要素，开展砂土在不同含水率、不同压实度条件下的单三轴试验，得到不同初始条件下黏土单轴抗压强度、黏聚力、内摩擦角变化规律，对研究砂土工程力学性质具有重要意义。

1. 单轴抗压强度试验结果

图 3.8 至图 3.10 为不同含水率(5%、10%、15%)、不同密实度(86%、88%、90%、92%、94%)条件下砂土单轴实验结果。

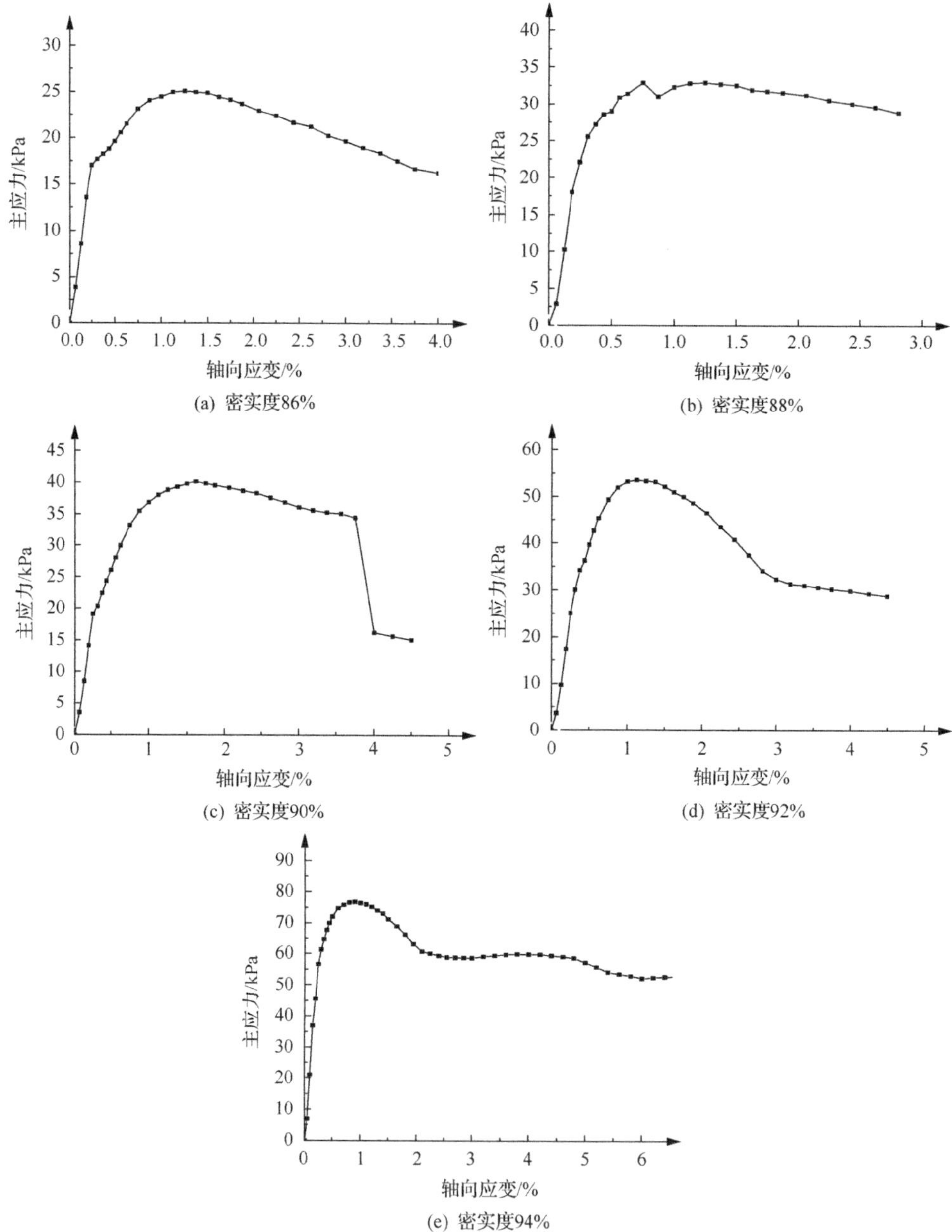

图 3.8　5%含水率试验结果(单轴)

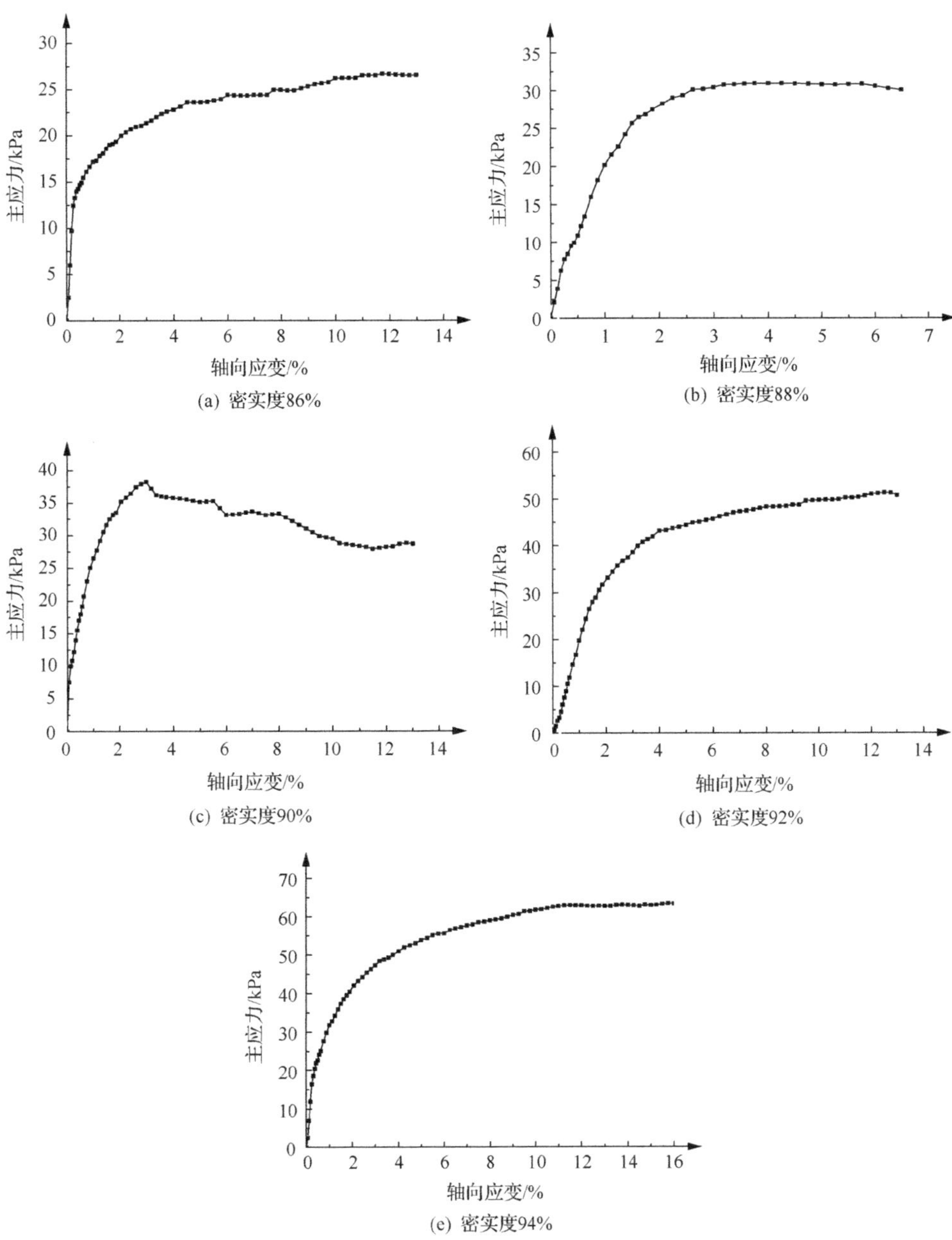

图 3.9　10%含水率试验结果(单轴)

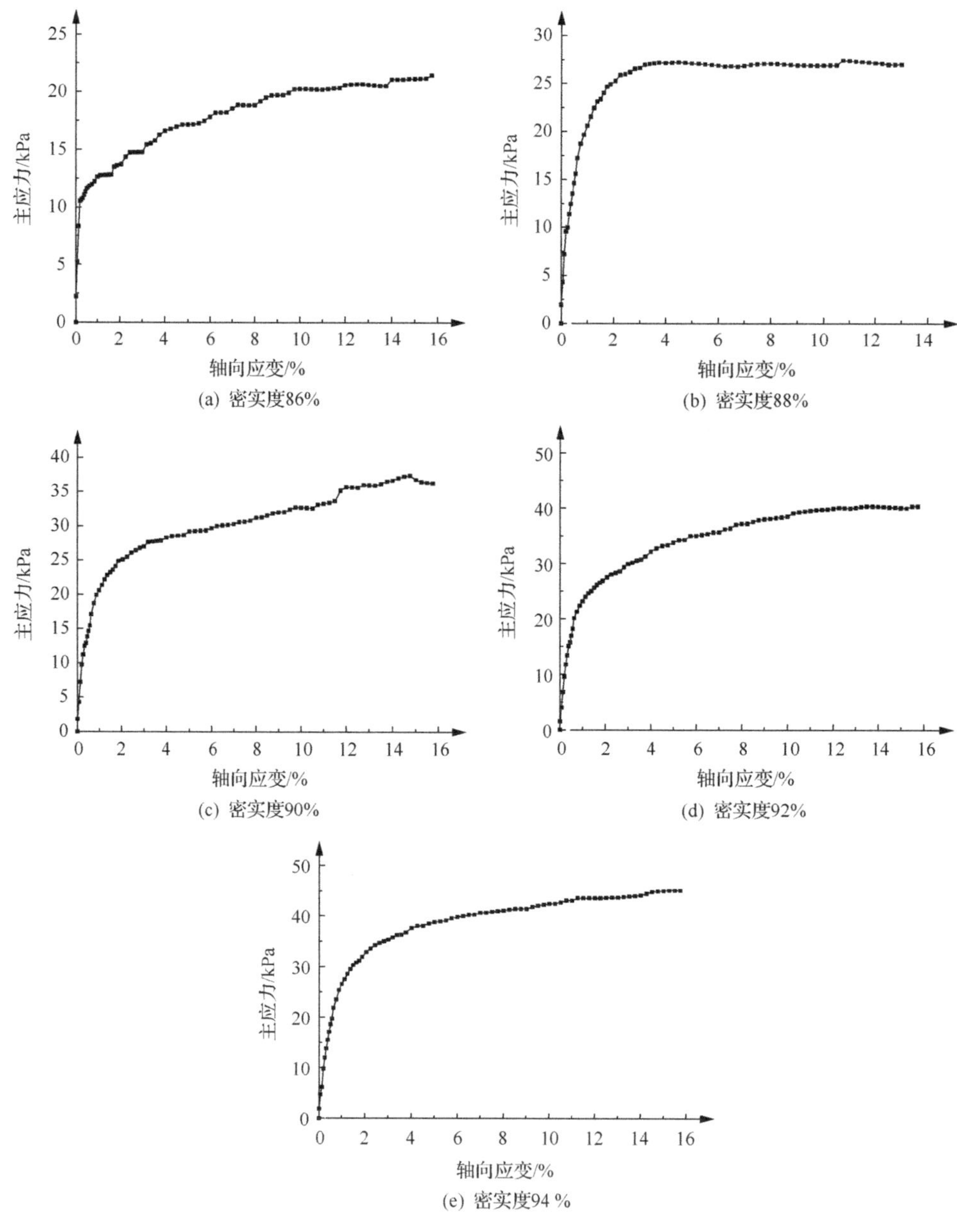

图 3.10　15%含水率试验结果(单轴)

2. 三轴试验结果

图 3.11 至图 3.13 为不同含水率(5%、10%、15%)、不同密实度(86%、88%、90%、92%、94%)条件下砂土三轴实验结果。

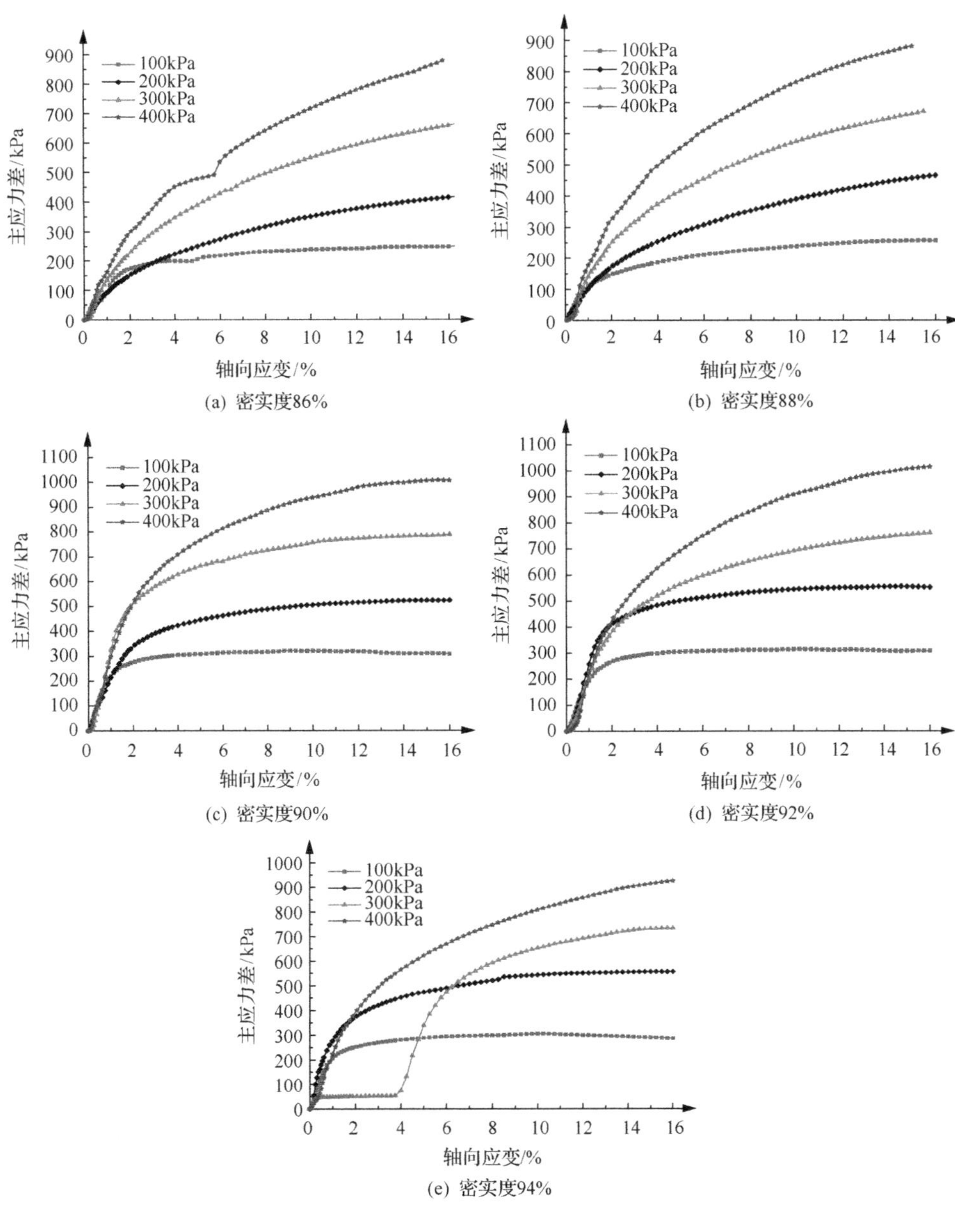

(a) 密实度86%

(b) 密实度88%

(c) 密实度90%

(d) 密实度92%

(e) 密实度94%

图 3.11　5%含水率试验结果

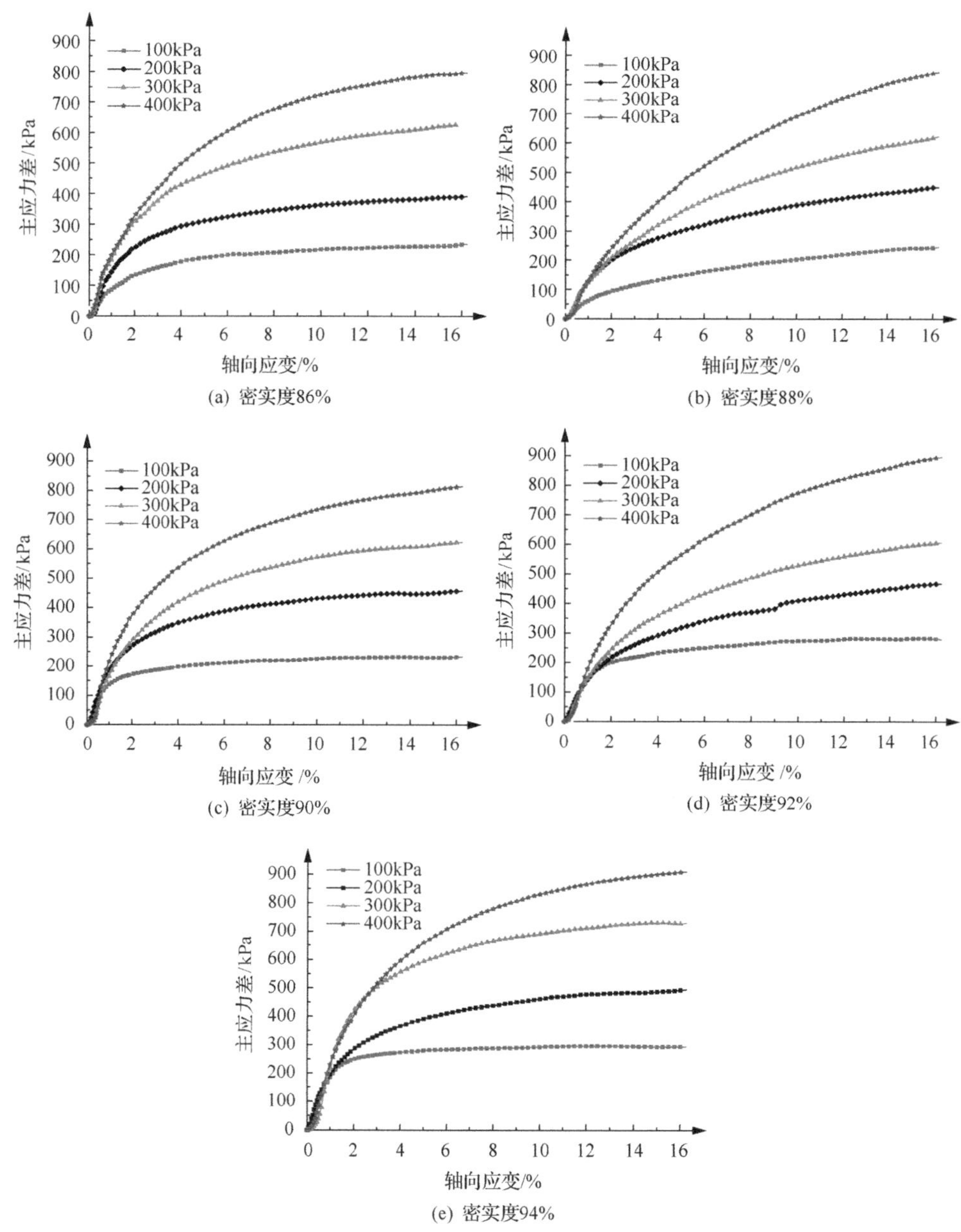

图 3.12　10%含水率试验结果

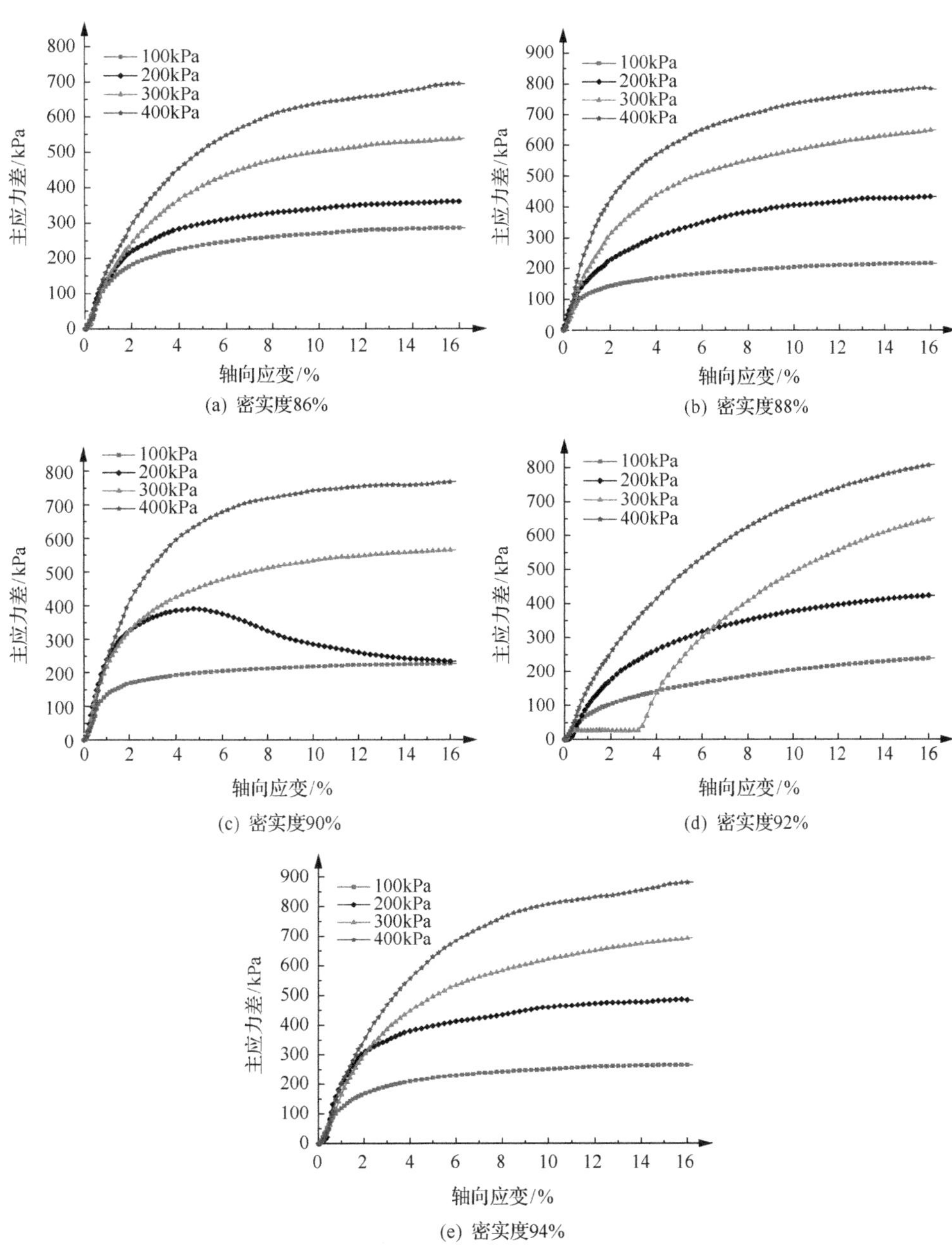

图 3.13　15%含水率试验结果

3. 试验结果统计(表 3.2)

表 3.2　不同初始条件下砂土抗压抗剪强度指标统计表

含水率/%	密实度/%	单轴抗压强度/kPa	黏聚力/kPa	内摩擦角/(°)
5	86	26.41	12.82	29.45
	88	32.86	15.25	30.14
	90	40.14	19.12	32.66
	92	53.52	22.26	32.32
	94	76.72	30.38	30.57
10	86	26.70	8.23	29.05
	88	30.96	14.54	29.12
	90	38.23	16.23	28.89
	92	51.37	20.44	29.41
	94	62.93	24.26	30.55
15	86	21.11	5.95	27.17
	88	26.96	11.44	29.16
	90	37.39	12.00	28.04
	92	40.34	13.97	29.04
	94	45.16	18.93	30.30

3.2　模型岩土体强度规律分析

通过开展黏土、砂土不同含水率、不同压实度条件下单/三轴试验，得到含水率、密实度对黏土、砂土无侧限抗压强度、黏聚力、内摩擦角的影响规律(图 3.14 至图 3.16)。

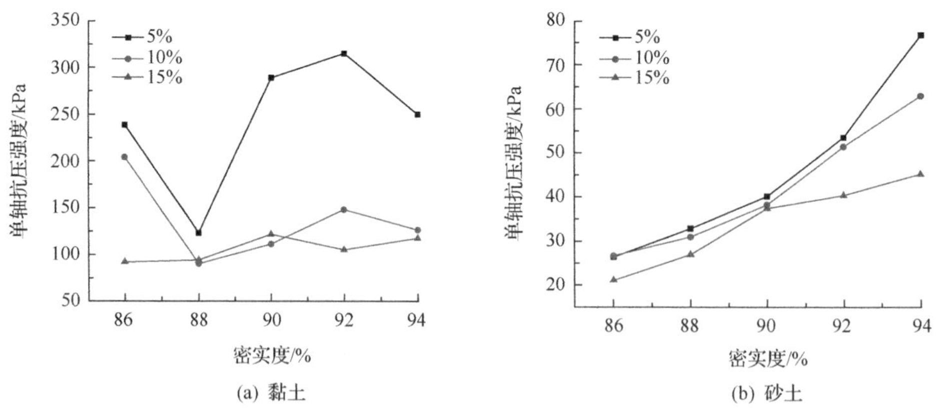

图 3.14　含水率、密实度对黏土、砂土无侧限抗压强度影响规律

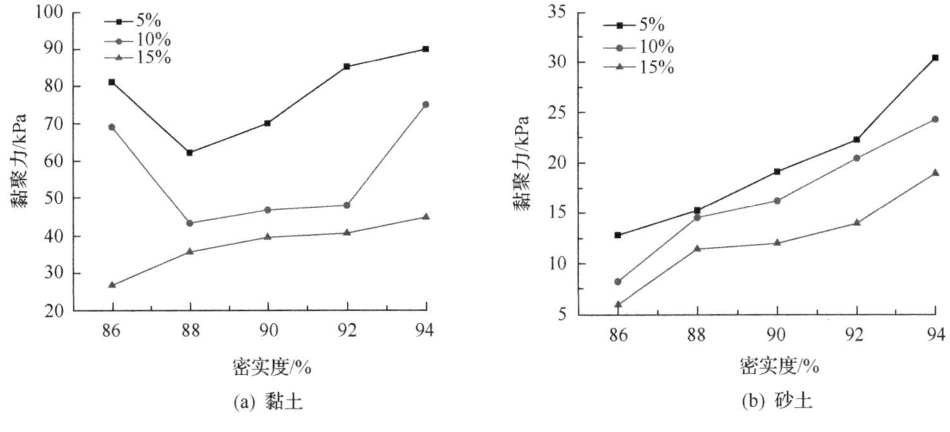

(a) 黏土　(b) 砂土

图 3.15　含水率、密实度对黏土、砂土黏聚力影响规律

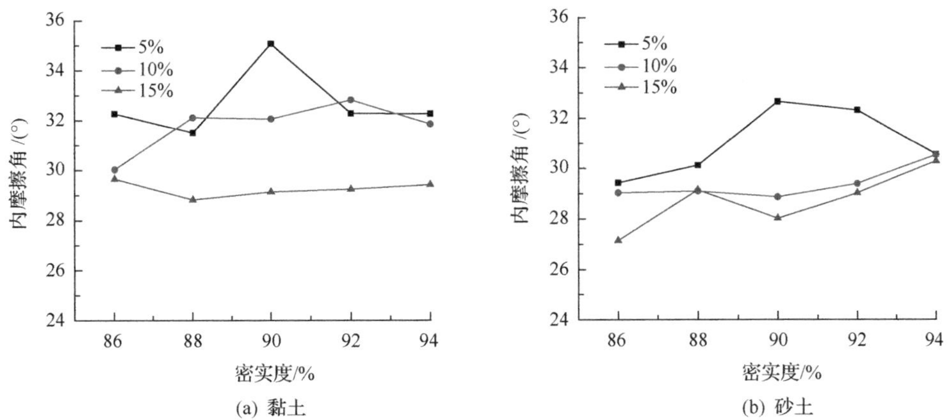

(a) 黏土　(b) 砂土

图 3.16　含水率、密实度对黏土、砂土内摩擦角影响规律

由图 3.14～图 3.16 可知，当密实度一定时，黏土、砂土的无侧限抗压强度均随含水率的增大而减小，黏聚力均随含水率的增大而减小，内摩擦角均随含水率的增大有小幅度减小；当含水率一定时，黏土、砂土的无侧限抗压强度均随密实度的增大而增大，黏聚力均随密实度的增大而增大，密实度对内摩擦角无明显影响；另外，在任一特定含水率、特定压实度条件下，黏土的无侧限抗压强度、黏聚力、内摩擦角均高于砂土。

第 4 章　模型岩土体原位力学微探规律研究

岩土体的原位力学参数测试是岩土工程领域的热点、难点问题，目前尚缺少快速有效获取岩土体原位力学参数的系统装置。基于微损触探数学模型，研发原位力学微探成套装备，开展不同类型土体原位微探试验，获取原位力学参数与微探动态响应量间的关系。

4.1　模型岩土原位微探试验

4.1.1　原位微探方法及装置

研制计时装置和各类传感器，研究轻便型智能钻机与扭矩传感器闭合对接方式，编制数据采集程序及处理软件，利用汽油机带动液压泵传给小孔钻机动力，配置相应钻头和钻杆，根据钻孔深度配连接套和延长钻杆，利用钻头钻进做功消耗机械能破碎岩土体成孔，进而在钻进过程中提取扭矩、推进力和钻杆转速数据，形成数字式旋压触探钻机；研制同源多管路液压泵站，实现液压同源供应、各支路独立液压伺服稳步调控，研究加载板间柔性连接件方式，实现压力在岩土体中均匀传递，有效避免刚性加载存在的应力集中问题，设置液压流量监控装置，实现加载过程重要参数实时监控，研发刚性架构提供加载所需反力，最终形成三维柔性边界加载装置，提供钻进过程所需围压。

试验时，采用向风干土样中均匀喷洒定量清水的方法制备特定含水率试样，而后将特定含水率土样分层填充至三维柔性边界加载装置中，进一步利用液压泵站给三维柔性加载装置加压至预定值，待监控装置显示稳压后(土样压实过程完成)关闭液压泵站供油阀，接着将小孔数字旋压触探钻机摆放至合理位置，保证钻进过程中钻杆中心线与三维柔性边界加载装置水平面正交(避免出现卡钻)，启动数字式小孔旋压触探钻机开始钻进测试，待钻进行程达到 70～80cm 时关闭钻机，完成单次钻进，进一步采用数据采集程序及处理软件实时采集、存储、分析钻进数据，形成钻进参数与钻进深度关系曲线，最终关闭总电源。

改变土样含水率与三维柔性边界加载装置围压，重复上述过程，即可完成不同含水率不同围压条件下黏土钻进试验，进一步研究含水率围压影响下黏土钻进参数变化规律。

所述数字式旋压触探钻机包括三翼取芯钻头(直径 50mm)、合金钻杆(直径 46mm)、钻机架、液压泵站、汽油动力机、数据无线采集传输装置。该装置钻进速度 30min 时为 5～10m，所述数据无线采集传输装置中的无线采集装置固定在钻机钻杆上，采集频率为 0.2ms，所述数据无线采集传输装置中的无线传输装置设置在钻机架顶端，其最大传输距离 300m，装置如图 4.1 所示。

(a) 小孔数字钻机

(b) 动力装置

(c) 传感器系统

(d) 数据采集传输装置

(e) 数据存储处理平台

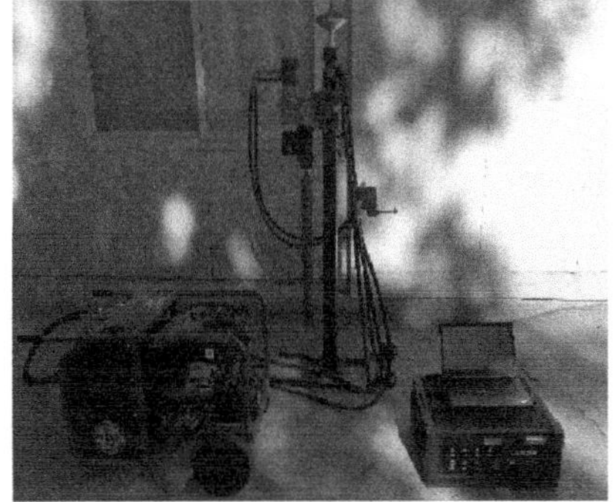

(f) 成套装置

图 4.1　小孔钻进确知性参数探测成套装置

所述三维柔性边界加载装置包括同源多管路液压泵站，共设置 5 个液压伺服阀和 5 个液压油流量监控表，其中，总管路设置 1 个液压伺服阀和 1 个液压油流量监控表；装置还包括 4 组(8 个)液压千斤顶，5 块加筋刚性板，其中，1 块加筋刚性板为支撑板，设置在装置底部，4 块加筋刚性板为加载板，设置在四周，刚性板尺寸 100cm×100cm×100cm；装置还包括 4 组(8 个)柔性连接件，设置在各加载板连接处(顶部和底部)；装置整体设置在地面以下，300mm 加筋混凝土壁提供加载反力，工字钢一端固定在加筋混凝土壁上，一端固定在液压千斤顶上，实现反力传递，所述装置可提供最大围压 1.2MPa，所述液压千斤顶最大行程 50mm，加载板间最大相对位移 50mm，满足试验要求。装置重要组成部分及装置整体示意图如图 4.2 所示。

(a) 同源多管路液压泵站

(b) 液压千斤顶

(c) 加载板与柔性连接件

(d) 液压千斤顶与工字钢对接

(e) 装置整体外观

图 4.2　三维柔性边界加载装置

4.1.2　不同初始条件黏土原位微探结果

开展 5%、10%、15%含水率下不同钻进围压(0MPa、0.12MPa、0.18MPa、0.24MPa、0.42MPa)条件下黏土微探试验，随钻生成钻进参数(扭矩、推进力、转速)与钻进深度关系曲线，为提高试验准确度，每个钻进围压条件下进行三组平行钻进试验，统计后取各钻进参数平均值作为最终数值。试验结果如图 4.3～图 4.17 所示。

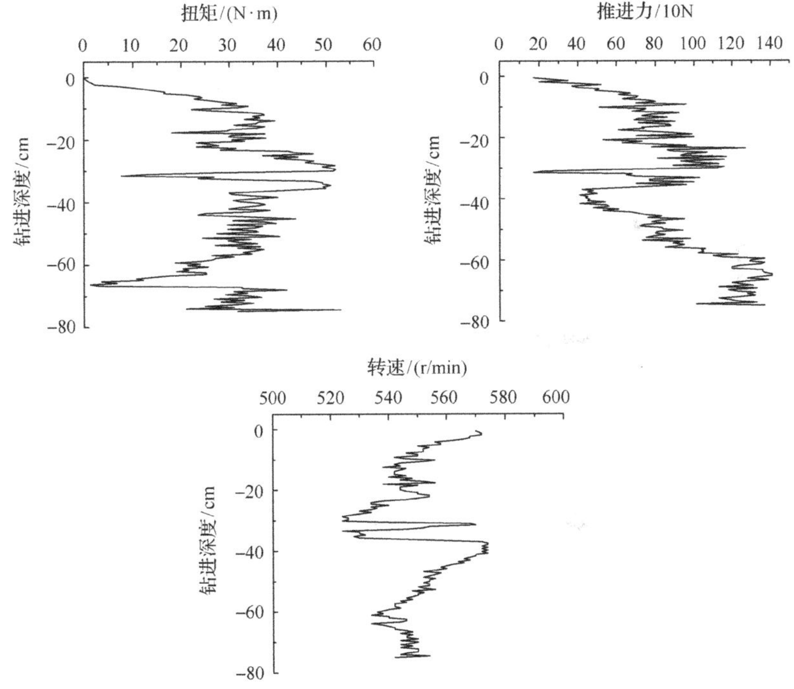

图 4.3　0MPa 钻进围压条件下黏土钻进试验曲线(5%含水率)

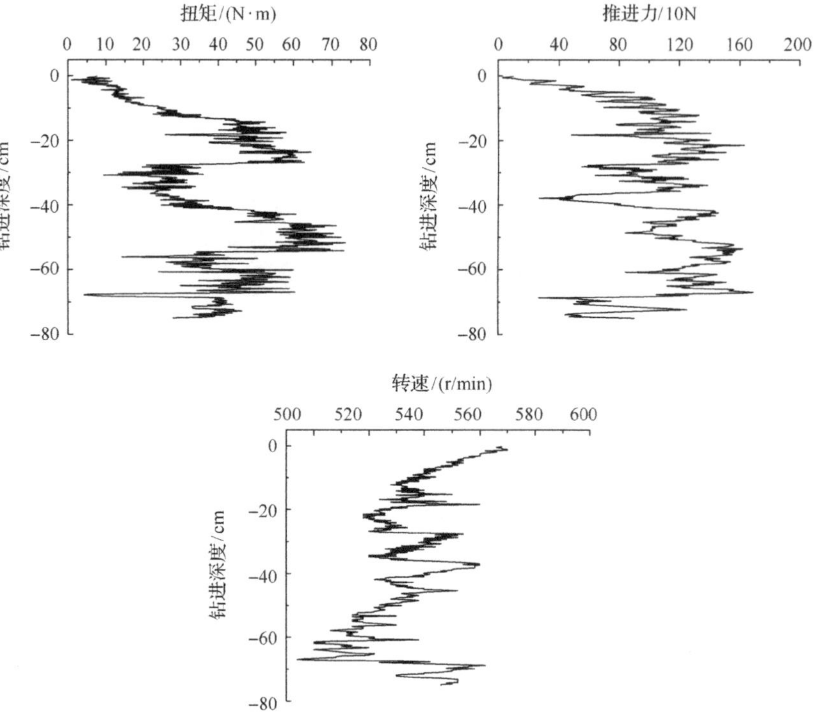

图 4.4 0.12MPa 钻进围压条件下黏土钻进试验曲线(5%含水率)

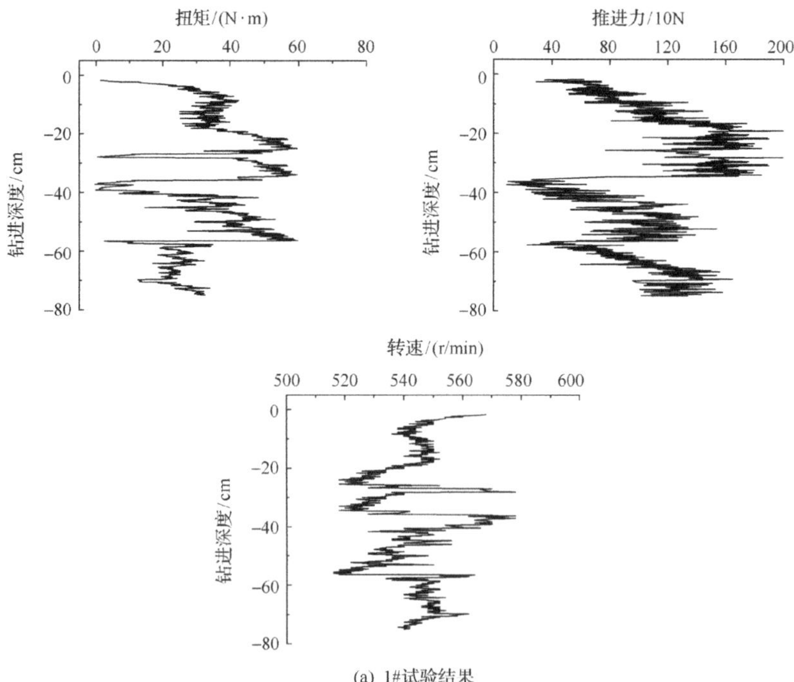

(a) 1#试验结果

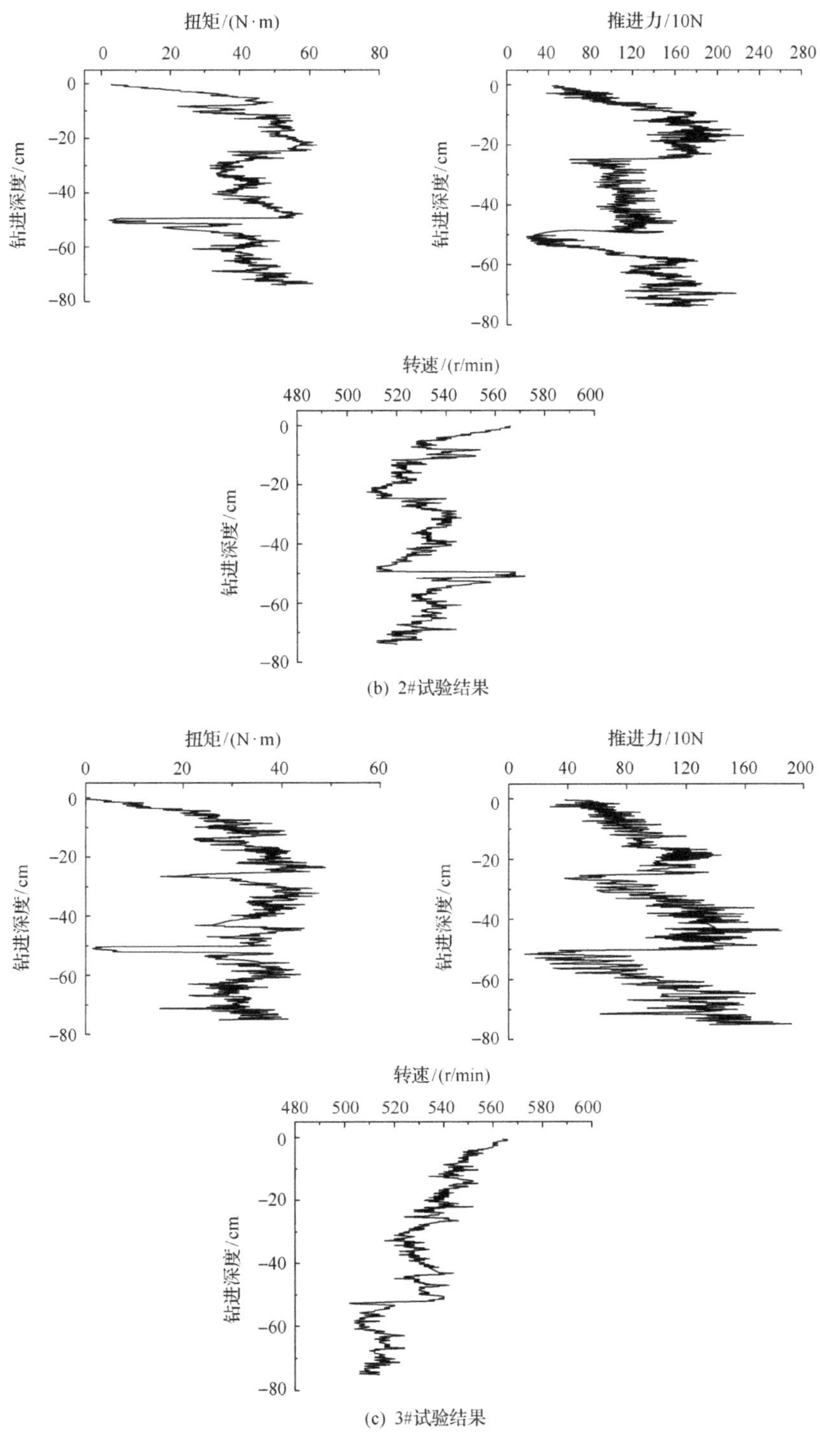

(b) 2#试验结果

(c) 3#试验结果

图4.5　0.18MPa钻进围压条件下黏土钻进试验曲线(5%含水率)

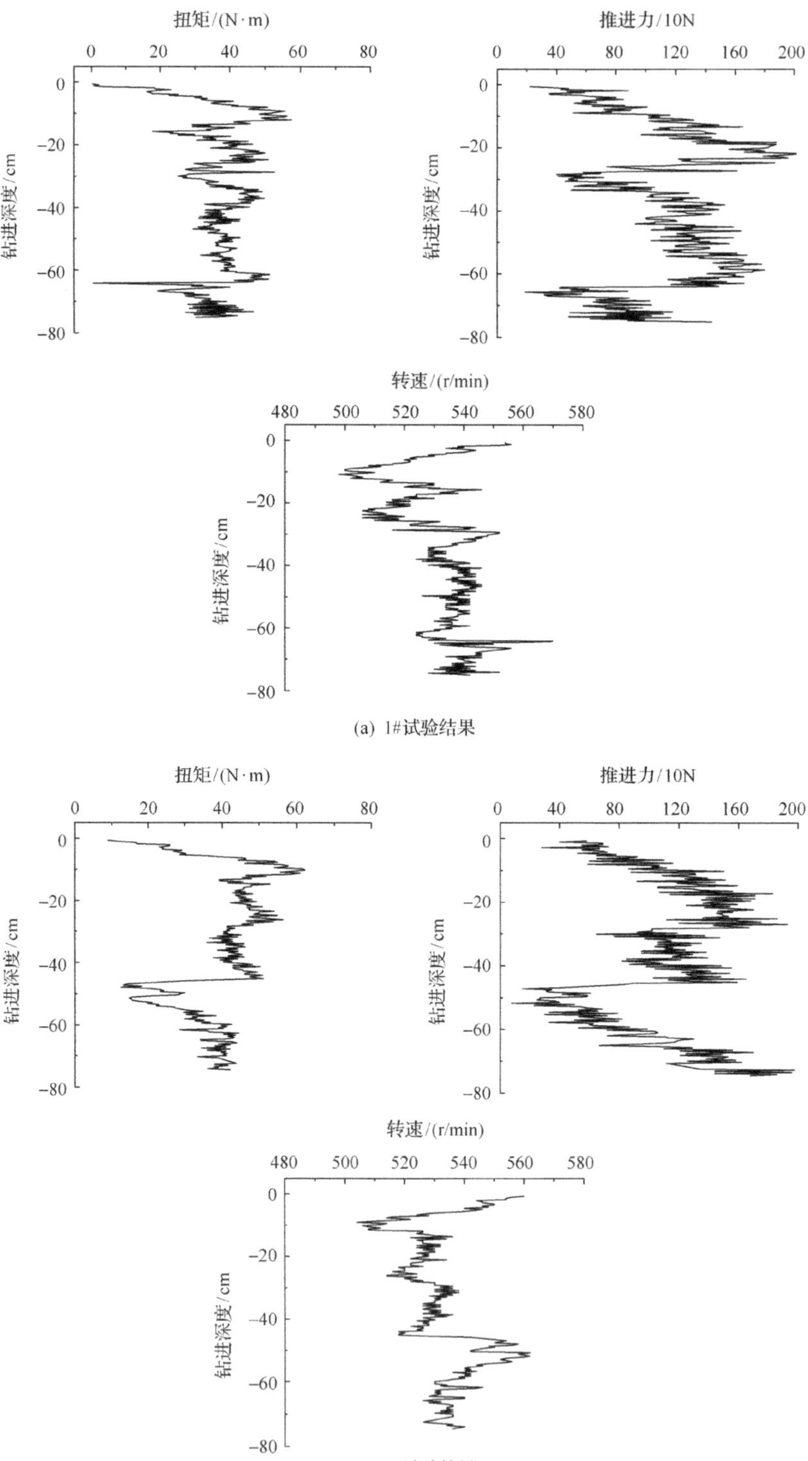

(a) 1#试验结果

(b) 2#试验结果

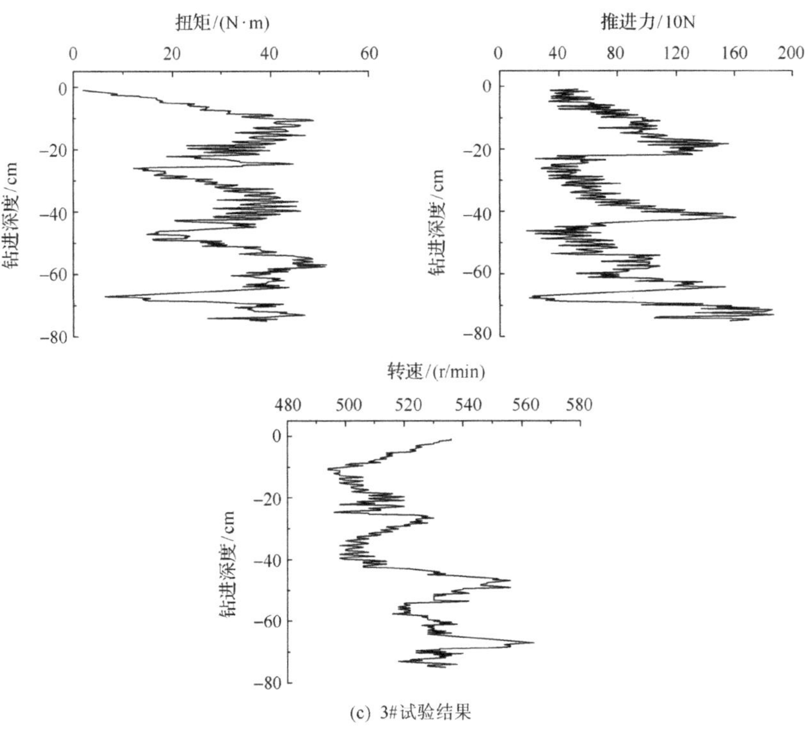

(c) 3#试验结果

图4.6　0.24MPa钻进围压条件下黏土钻进试验曲线(5%含水率)

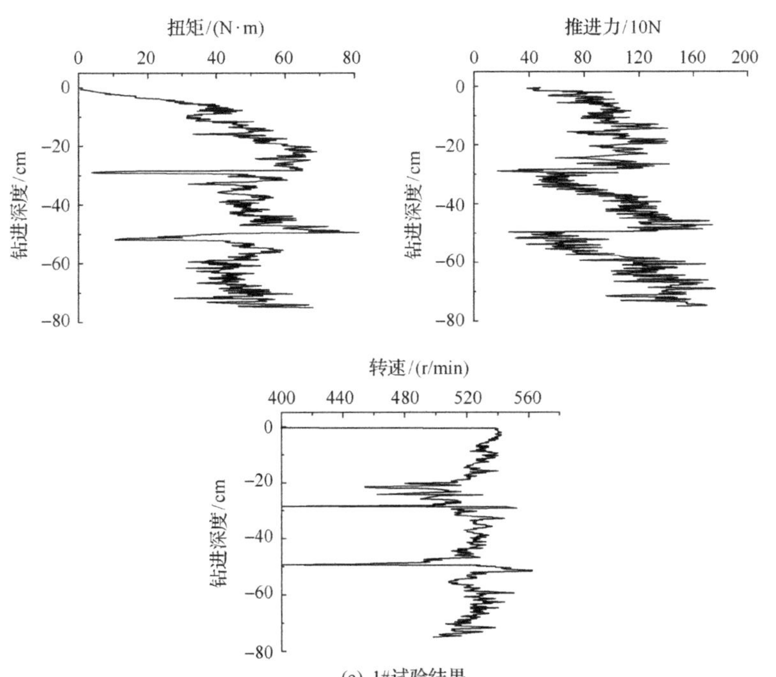

(a) 1#试验结果

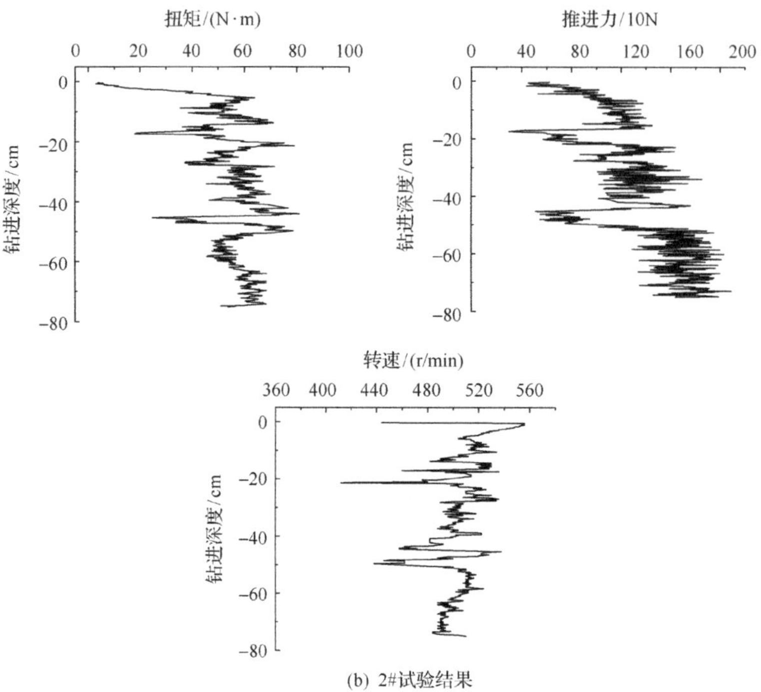

(b) 2#试验结果

图 4.7　0.42MPa 钻进围压条件下黏土钻进试验曲线(5%含水率)

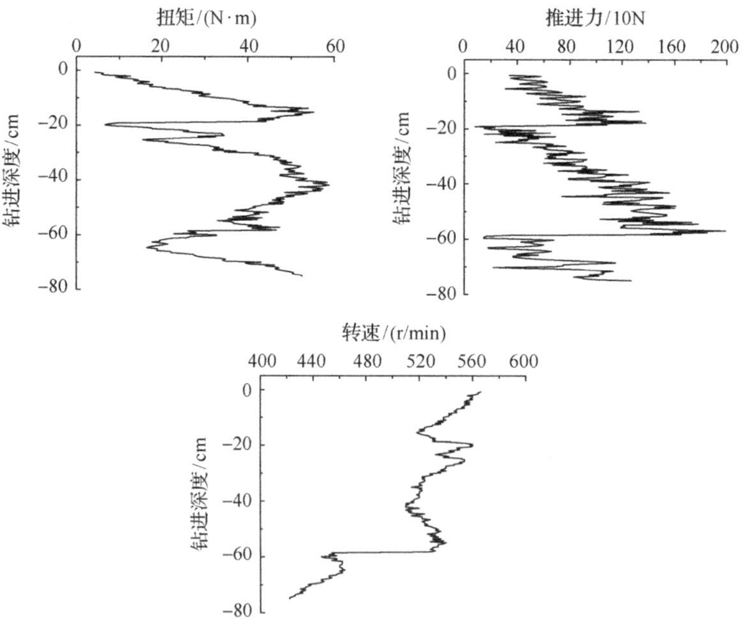

图 4.8　0MPa 钻进围压条件下黏土钻进试验曲线(10%含水率)

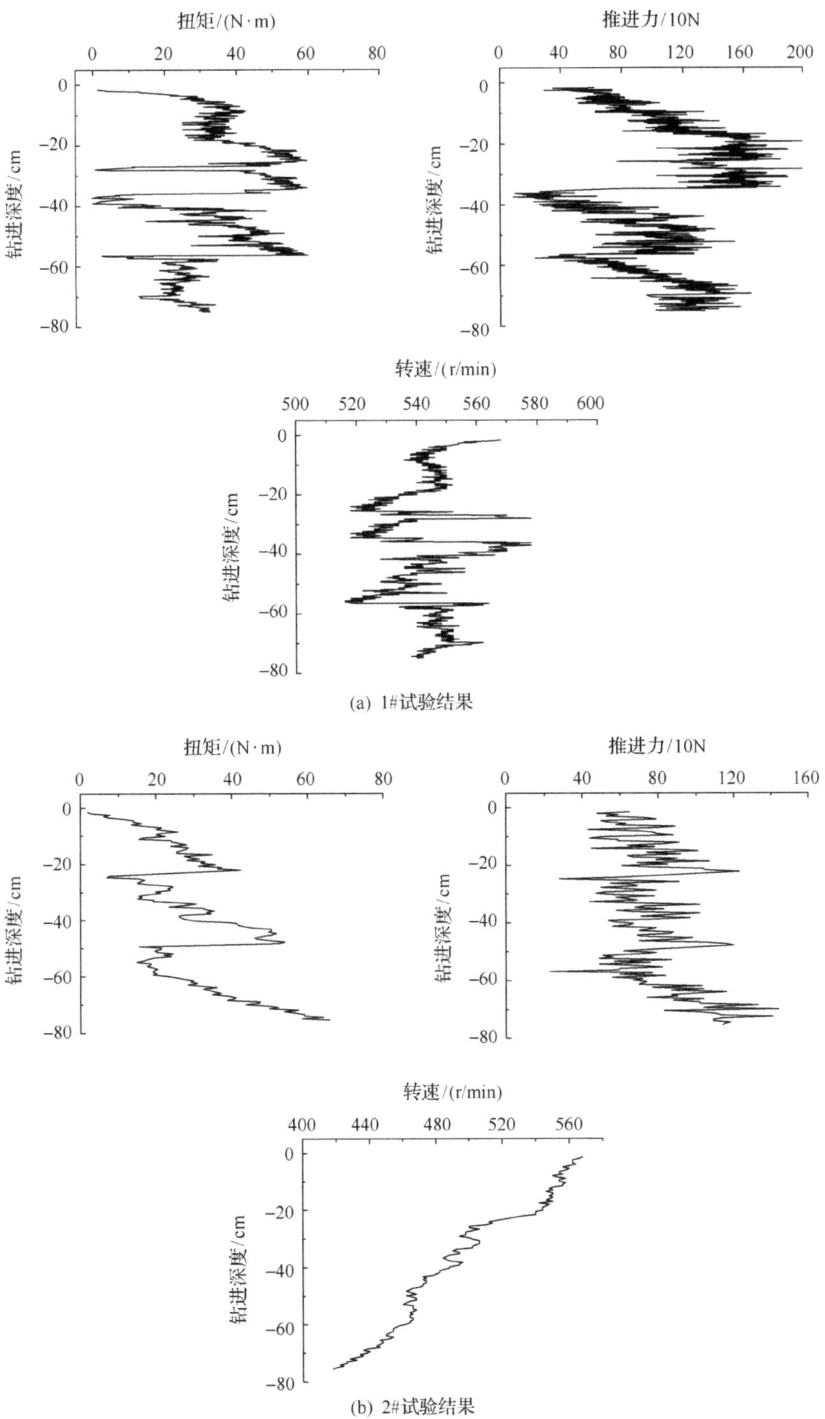

(a) 1#试验结果

(b) 2#试验结果

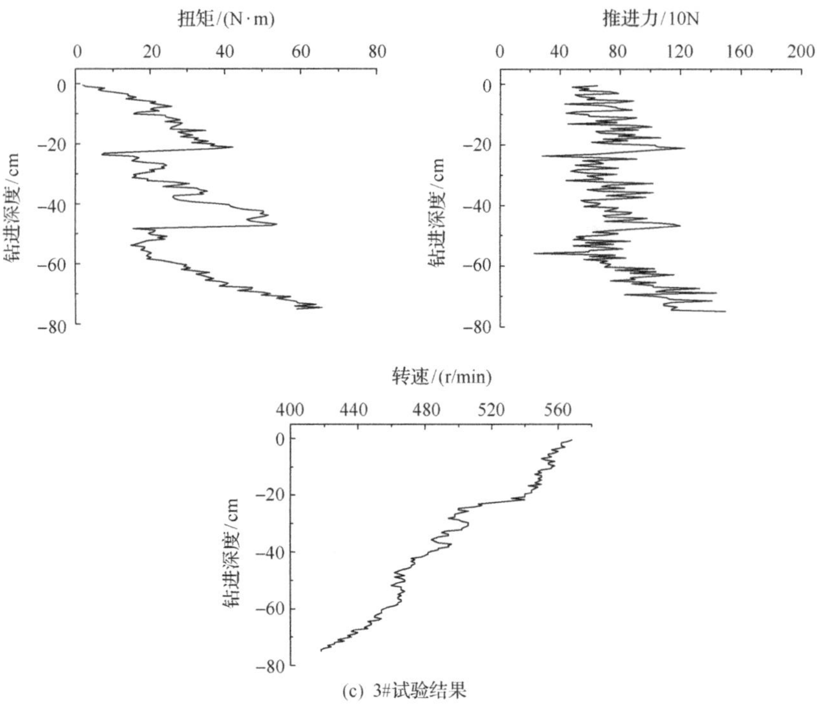

(c) 3#试验结果

图 4.9　0.12MPa 钻进围压条件下黏土钻进试验曲线(10%含水率)

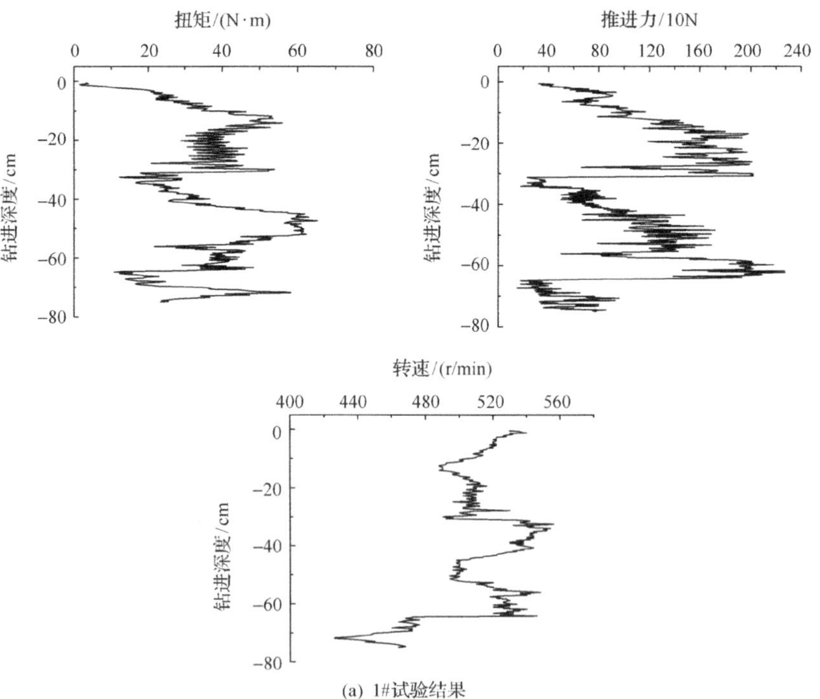

(a) 1#试验结果

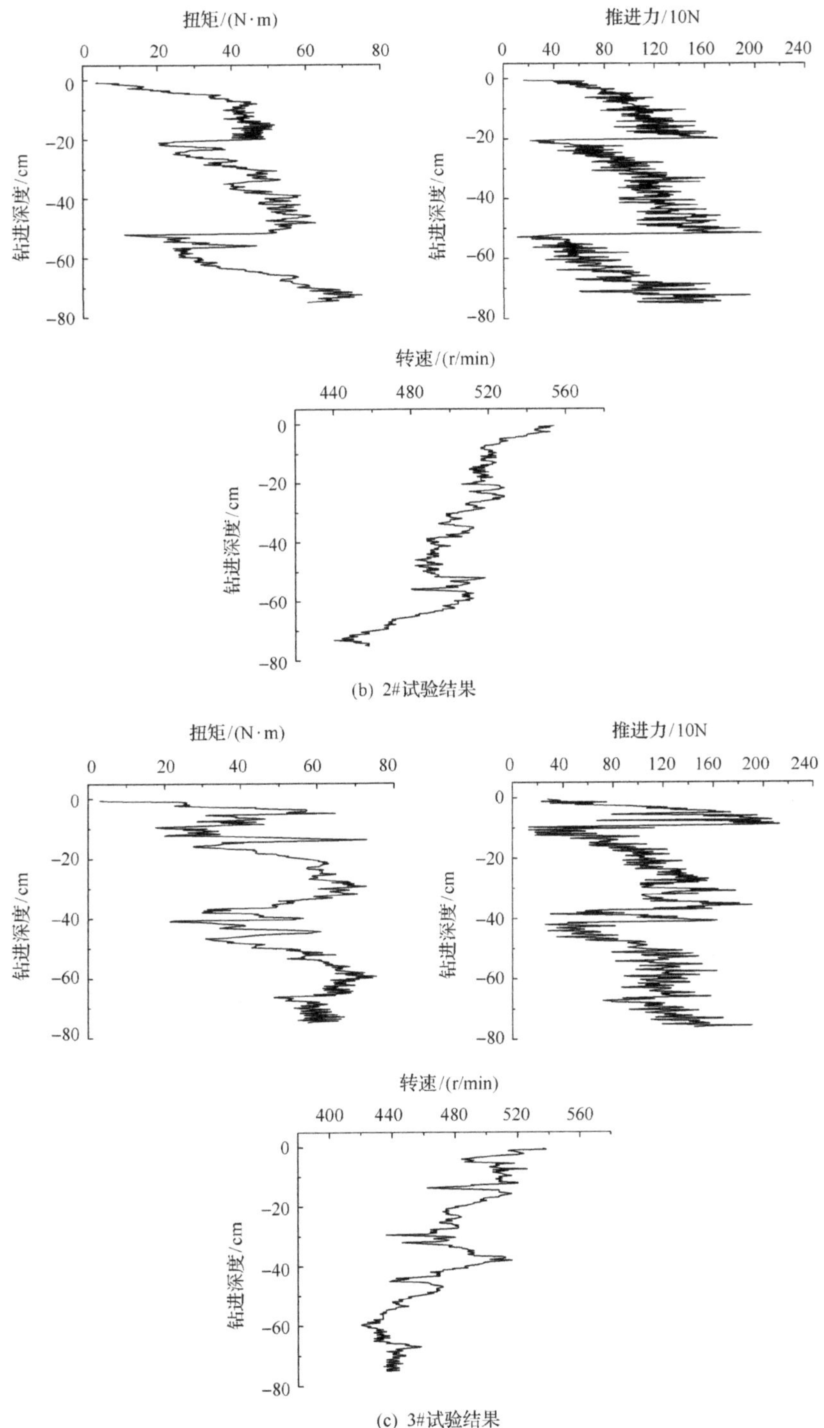

图 4.10　0.18MPa 钻进围压条件下黏土钻进试验曲线(10%含水率)

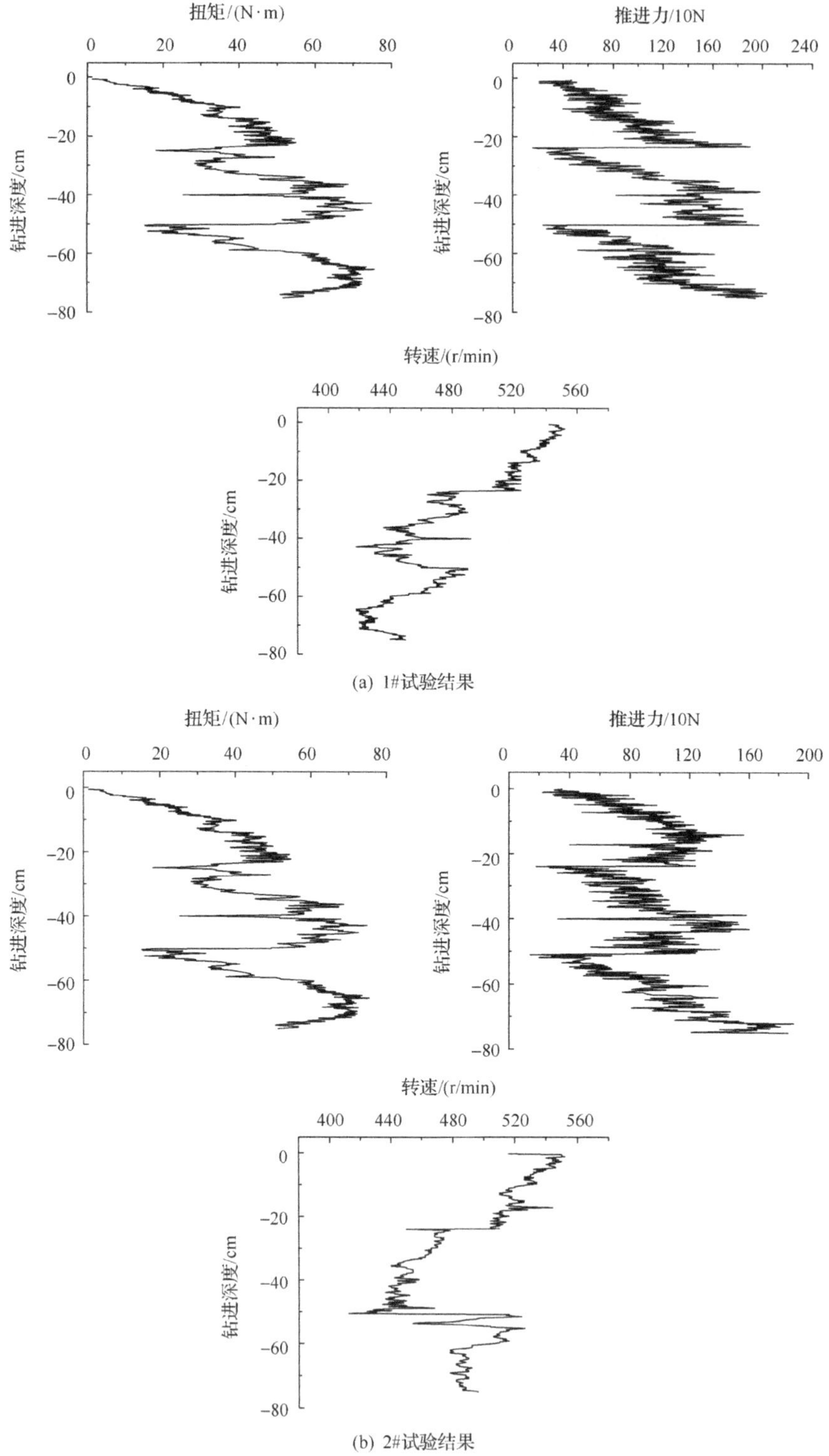

(a) 1#试验结果

(b) 2#试验结果

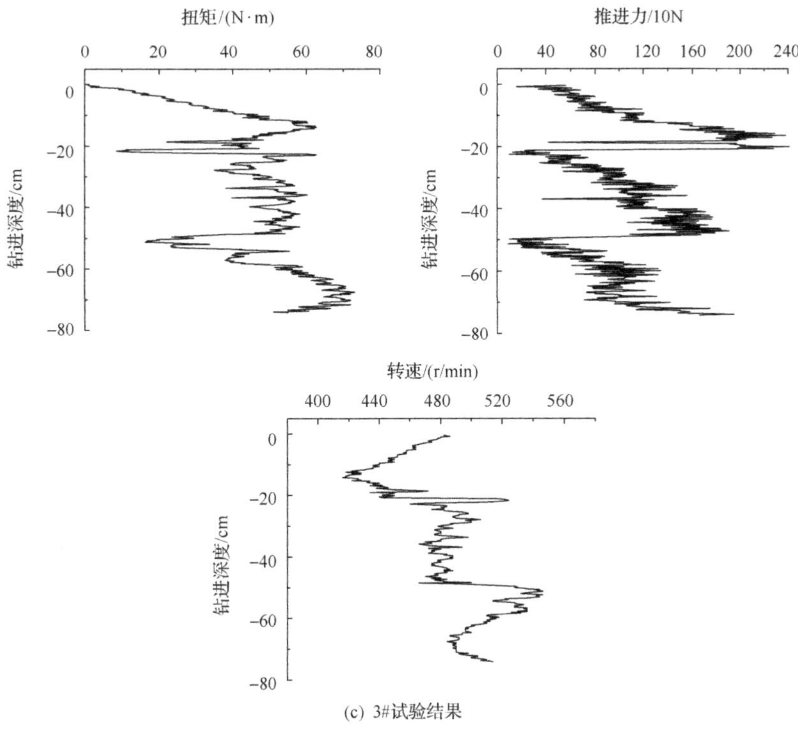

(c) 3#试验结果

图 4.11　0.24MPa 钻进围压条件下黏土钻进试验曲线(10%含水率)

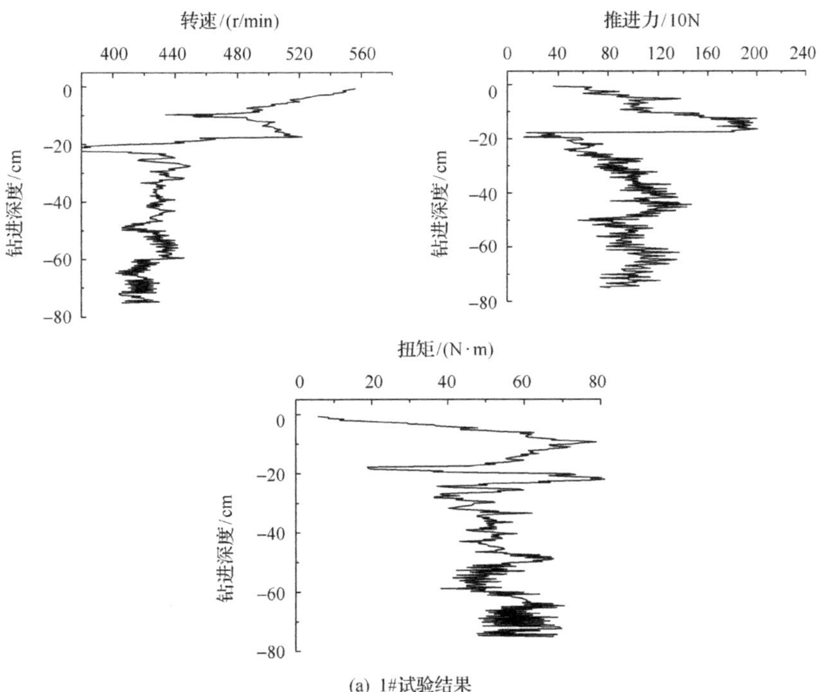

(a) 1#试验结果

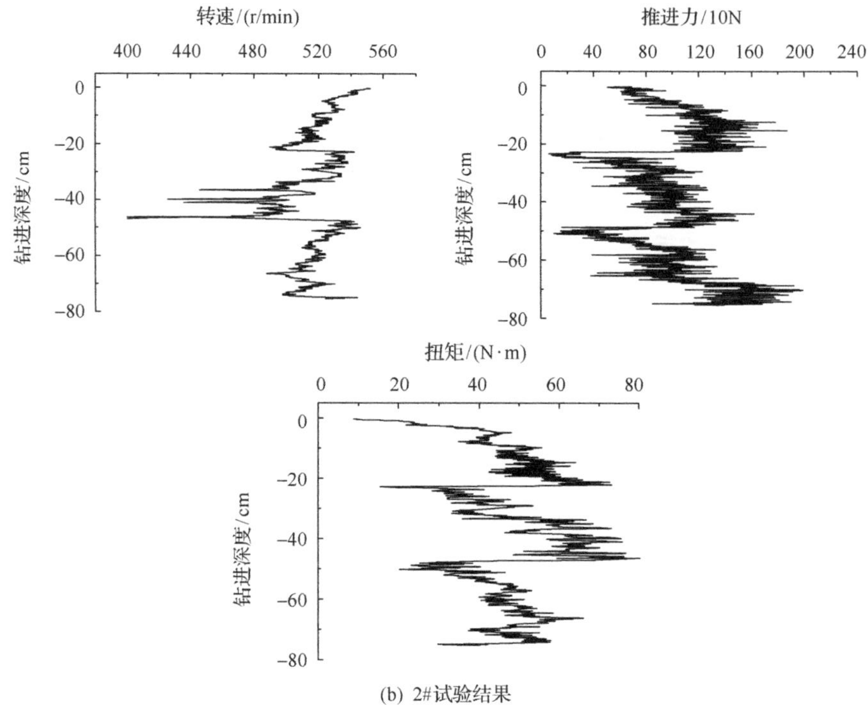

(b) 2#试验结果

图 4.12　0.42MPa 钻进围压条件下黏土钻进试验曲线(10%含水率)

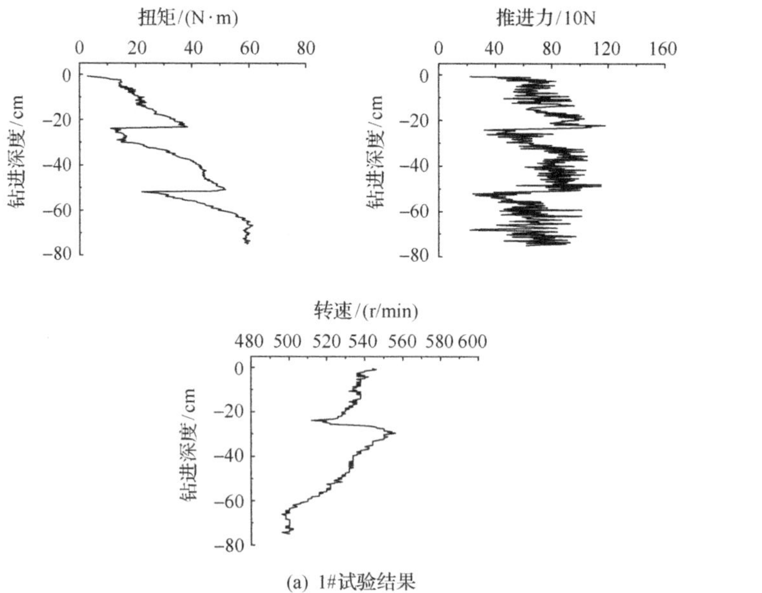

(a) 1#试验结果

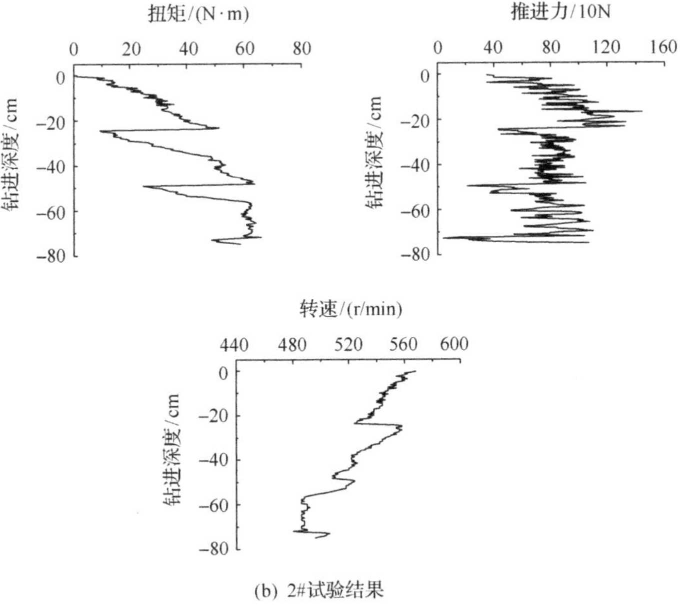

(b) 2#试验结果

图 4.13　0MPa 钻进围压条件下黏土钻进试验曲线(15%含水率)

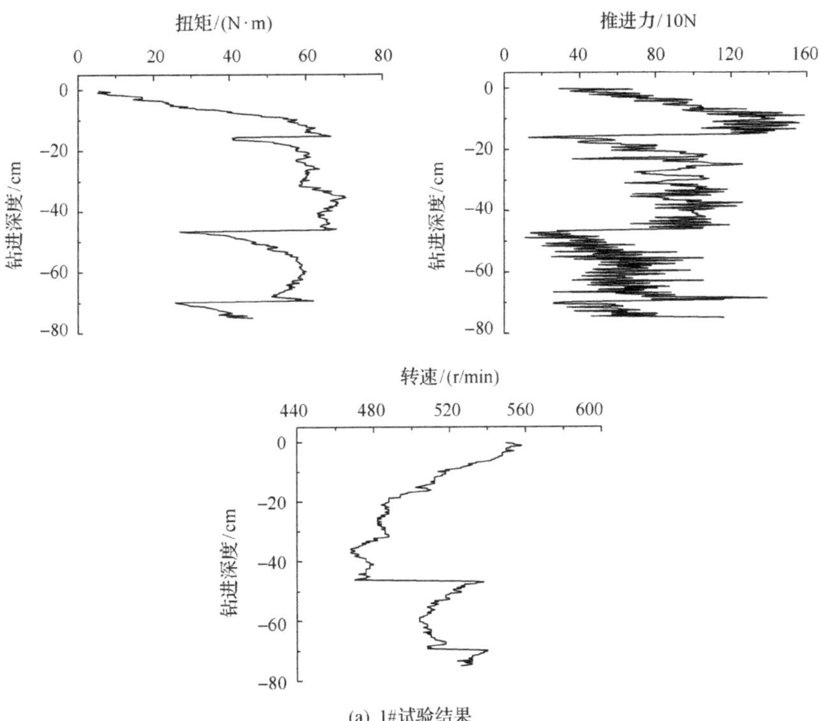

(a) 1#试验结果

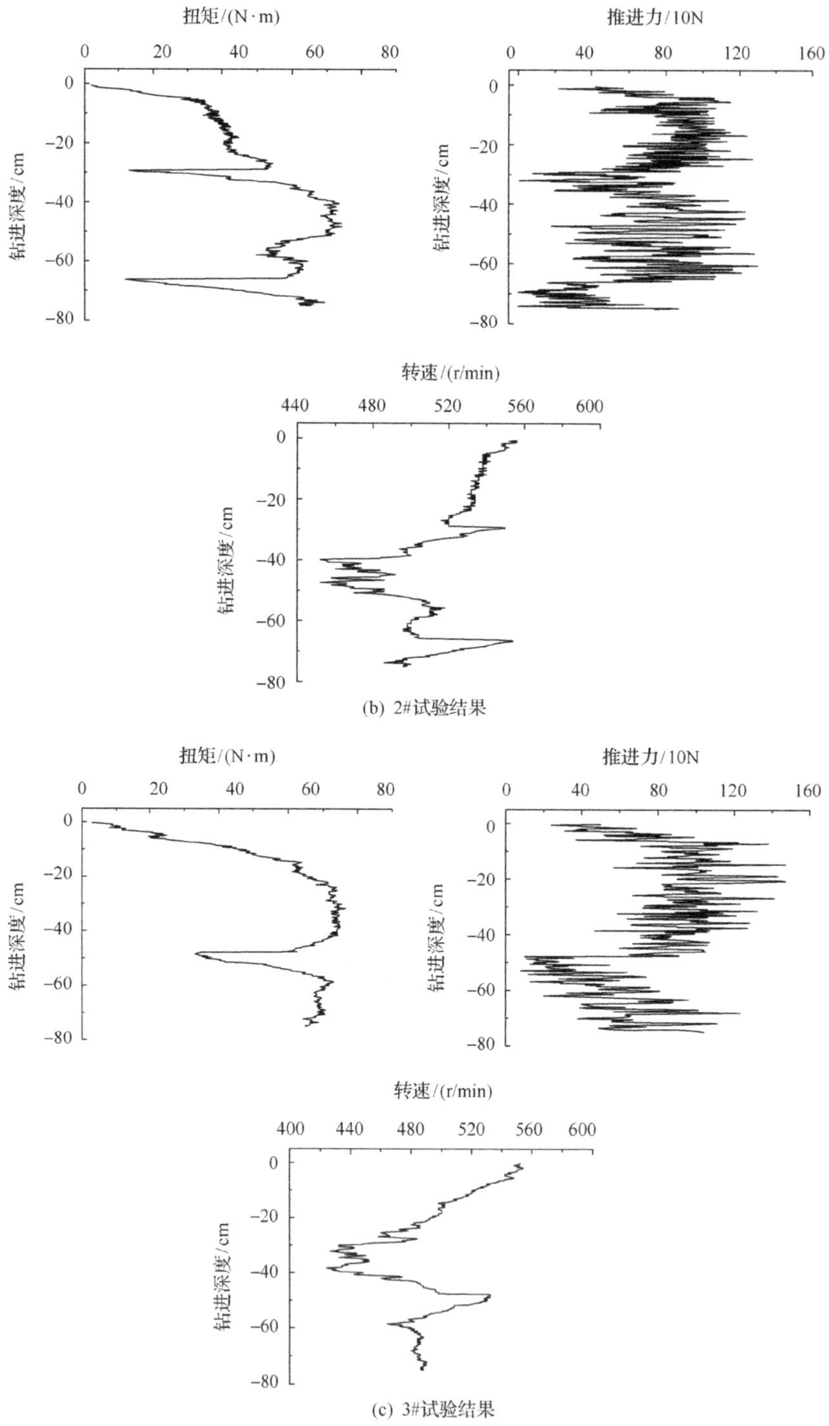

图 4.14　0.12MPa 钻进围压条件下黏土钻进试验曲线(15%含水率)

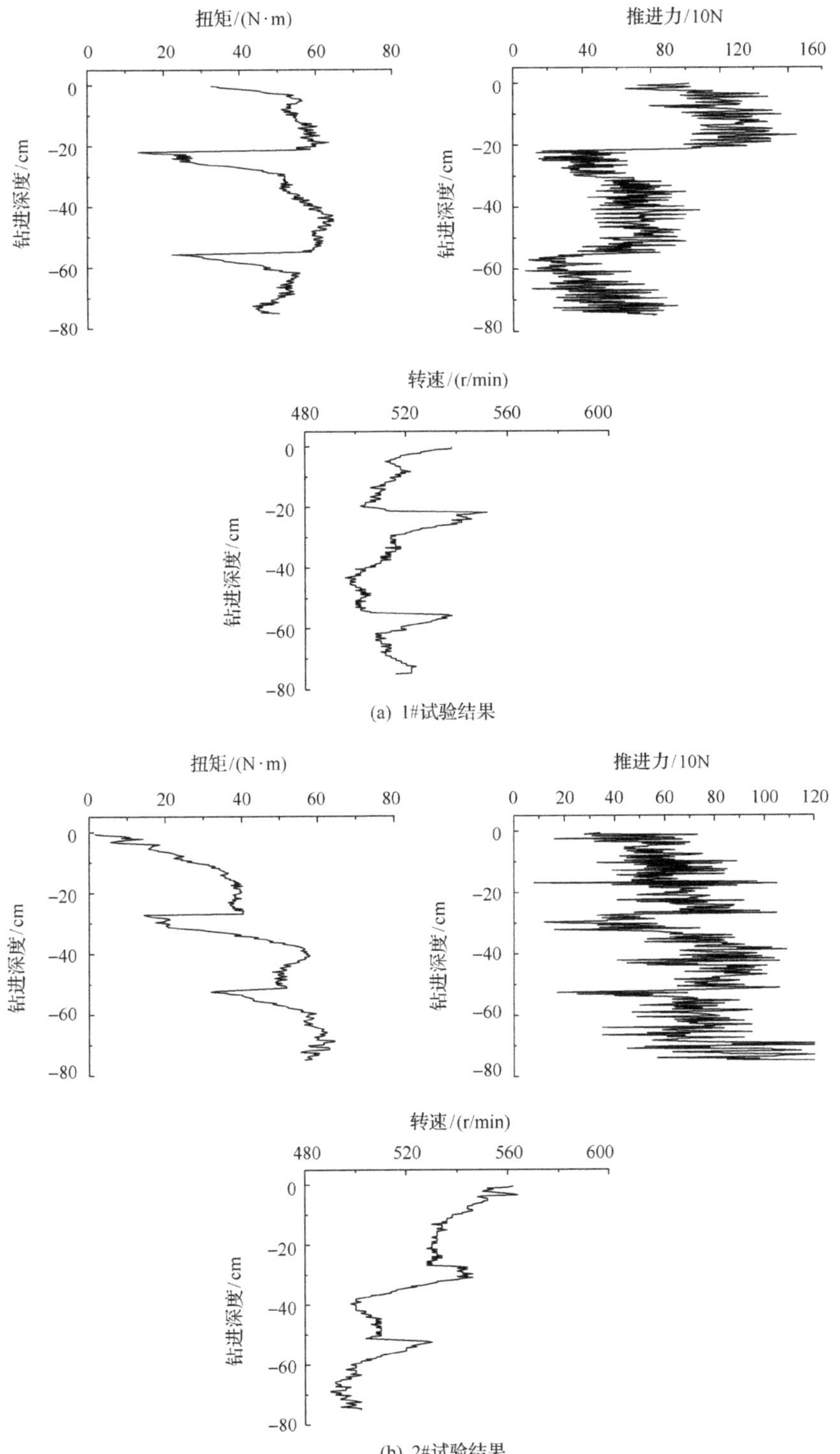

(a) 1#试验结果

(b) 2#试验结果

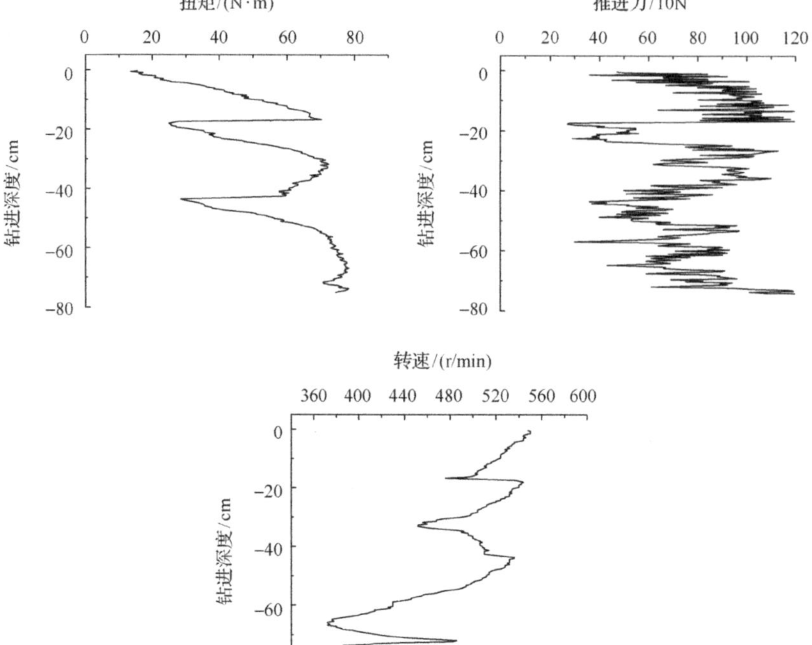

(c) 3#试验结果

图 4.15　0.18MPa 钻进围压条件下黏土钻进试验曲线(15%含水率)

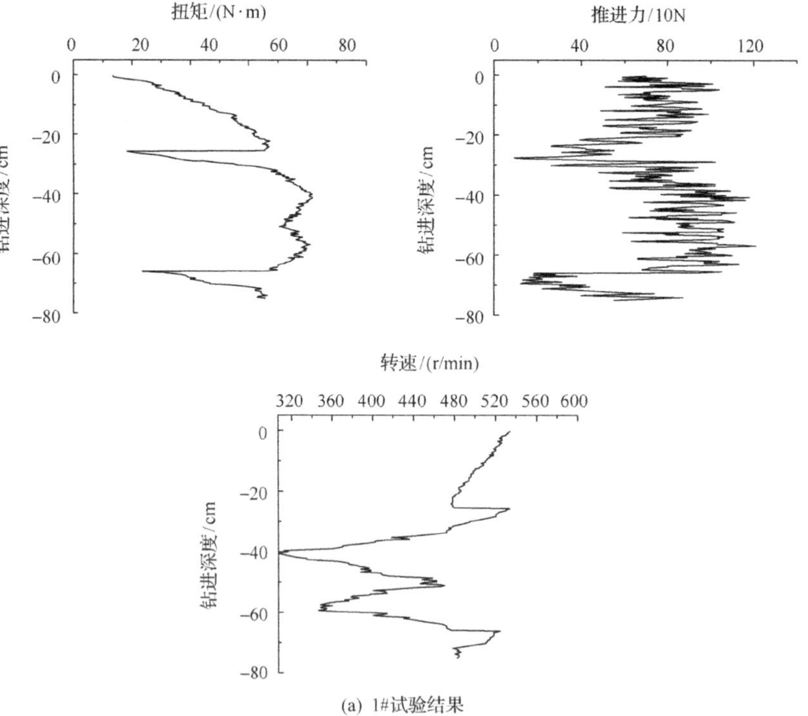

(a) 1#试验结果

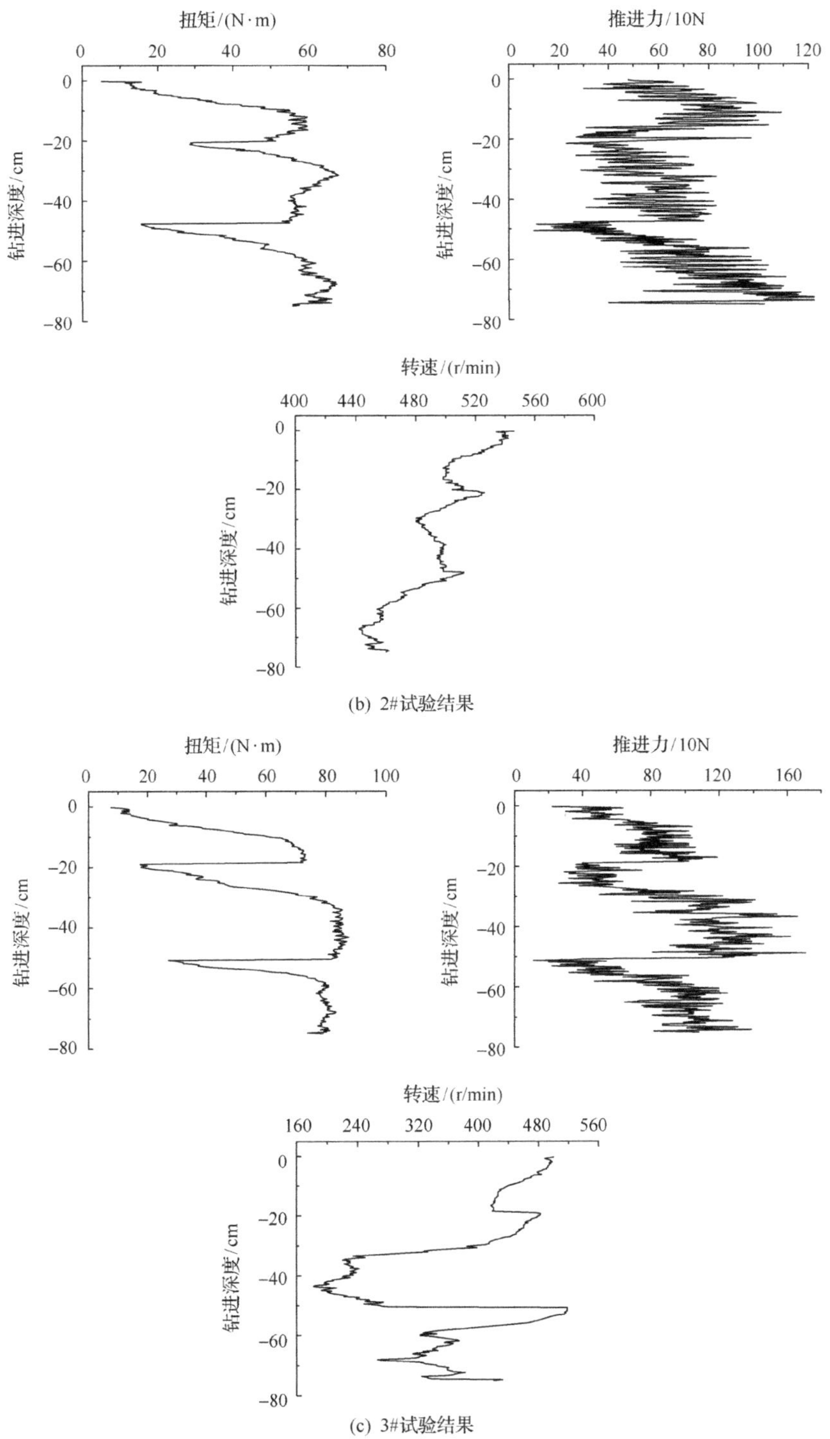

图 4.16　0.24MPa 钻进围压条件下黏土钻进试验曲线(15%含水率)

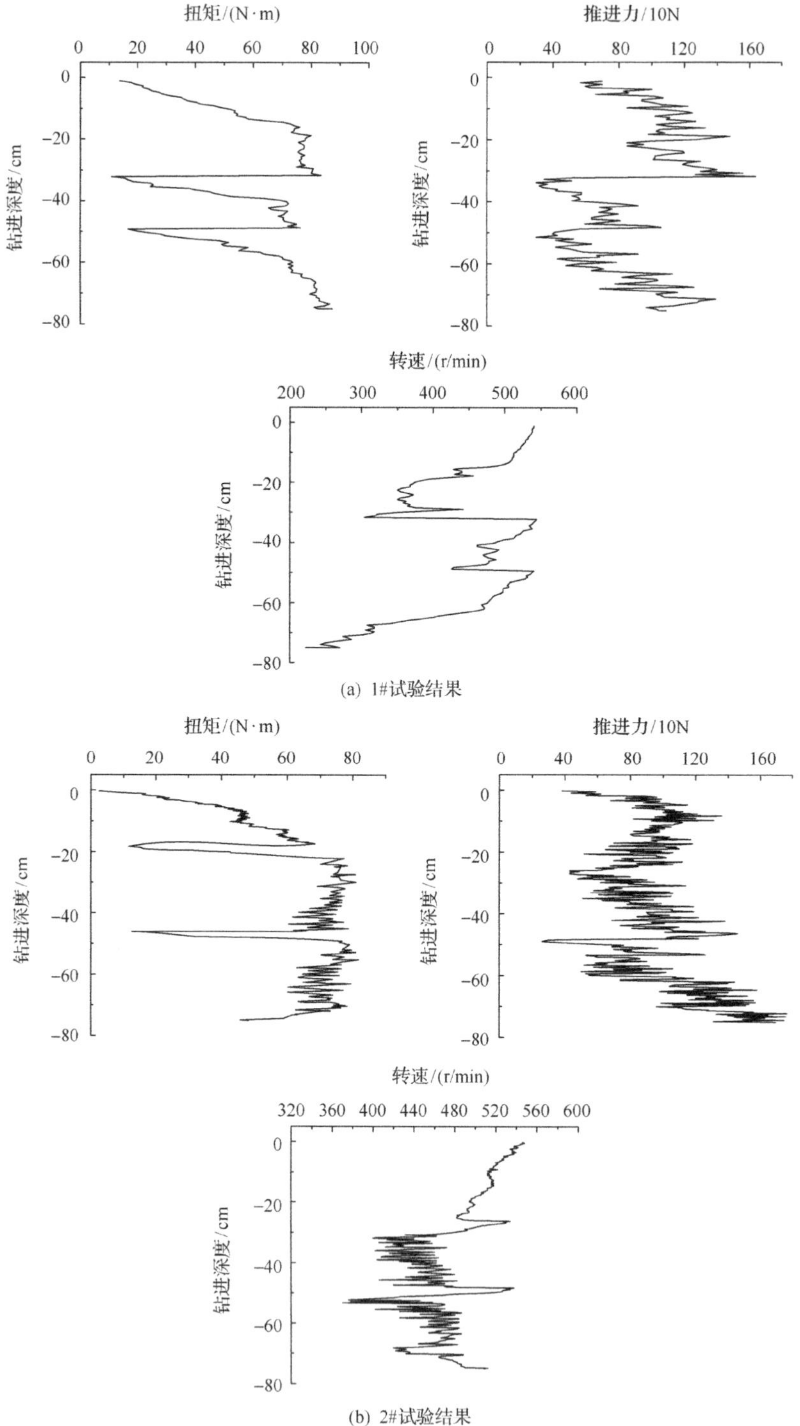

图 4.17　0.42MPa 钻进围压条件下黏土钻进试验曲线(15%含水率)

1. 5%含水率

5%含水率时，不同钻进围压条件下黏土钻进试验结果如图4.3～图4.7所示。

2. 10%含水率

10%含水率时，不同钻进围压条件下黏土钻进试验结果如图4.8～图4.12所示。

3. 15%含水率

15%含水率时，不同钻进围压条件下黏土钻进试验结果如图4.13～图4.17所示。

4. 不同含水率不同钻进围压条件下黏土钻进试验结果

对处于各初始条件下的黏土开展三组随钻试验，记录各条件下钻进参数，剔除错误数据后，统计各钻进参数平均值作为最终数值，如表4.1所示。

表4.1　不同初始条件下黏土钻进参数统计

含水率/%	钻进围压/MPa	压实度/%	试验序号	扭矩/(N·m)	扭矩平均值/(N·m)	推进力/10N	推进力平均值/10N	转速/(r/min)	转速平均值/(r/min)
5	0	0.86	1#	30.39	30.39	86.14	86.14	545.90	545.90
	0.12	0.88	1#	38.40	38.40	103.39	103.39	533.70	533.70
	0.18	0.90	1#	33.86	35.62	107.00	110.81	542.40	534.85
			2#	41.46		125.00		532.00	
			3#	31.55		100.45		530.15	
	0.24	0.92	1#	37.33	36.76	112.00	101.55	527.00	526.56
			2#	39.74		107.52		532.62	
			3#	33.21		85.13		520.08	
	0.42	0.94	1#	46.60	50.77	104.30	117.10	518.95	511.54
			2#	54.94		129.89		504.13	
10	0	0.86	1#	36.46	36.46	86.77	86.77	514.13	514.13
	0.12	0.88	1#	36.82	33.26	105.84	92.38	522.89	508.105
			2#	29.71		78.93		493.32	
	0.18	0.90	1#	36.61	43.82	110.81	106.96	508.32	493.53
			2#	43.06		101.2		502.29	
			3#	51.80		108.87		470.00	
	0.24	0.92	1#	45.83	45.45	106.36	102.53	476.88	482.79
			2#	43.56		95.28		488.54	
			3#	46.98		105.96		482.96	
	0.42	0.94	1#	52.74	50.24	101.43	101.45	443.23	477.20
			2#	47.75		101.46		512.20	

续表

含水率/%	钻进围压/MPa	压实度/%	试验序号	扭矩/(N·m)	扭矩平均值/(N·m)	推进力/10N	推进力平均值/10N	转速/(r/min)	转速平均值/(r/min)
15	0	0.86	1#	36.13	39.05	72.35	76.00	525.02	524.36
			2#	41.97		79.61		523.69	
	0.12	0.88	1#	52.60	54.42	80.25	76.22	505.61	502.95
			2#	50.36		70.90		513.58	
			3#	60.31		77.53		489.67	
	0.18	0.90	1#	51.44	46.93	74.35	71.36	514.74	517.37
			2#	42.42		68.32		519.88	
	0.24	0.92	1#	60.48	58.78	73.93	75.36	457.90	440.18
			2#	50.67		64.53		490.13	
			3#	65.19		87.63		372.52	
	0.42	0.94	1#	61.43	60.45	87.22	91.45	444.28	460.29
			2#	59.47		95.69		476.30	

4.1.3 不同初始条件砂土原位微探结果

开展 5%、10%、15%含水率下不同钻进围压(0MPa、0.12MPa、0.18MPa、0.24MPa、0.42MPa)条件下砂土微探试验试验，随探生成钻进参数(扭矩、推进力、转速)与钻进深度关系曲线，为提高试验准确度，每个钻进围压条件下进行三组平行钻进试验，统计后取各钻进参数平均值作为最终数值。试验结果如图 4.18～图 4.32 所示。

1. 5%含水率

5%含水率时，不同钻进围压条件下砂土钻进试验结果如图 4.18～图 4.22 所示。

2. 10%含水率

10%含水率时，不同钻进围压条件下砂土钻进试验结果如图 4.23～图 4.27 所示。

3. 15%含水率

15%含水率时，不同钻进围压条件下砂土钻进试验结果如图 4.28～图 4.32 所示。

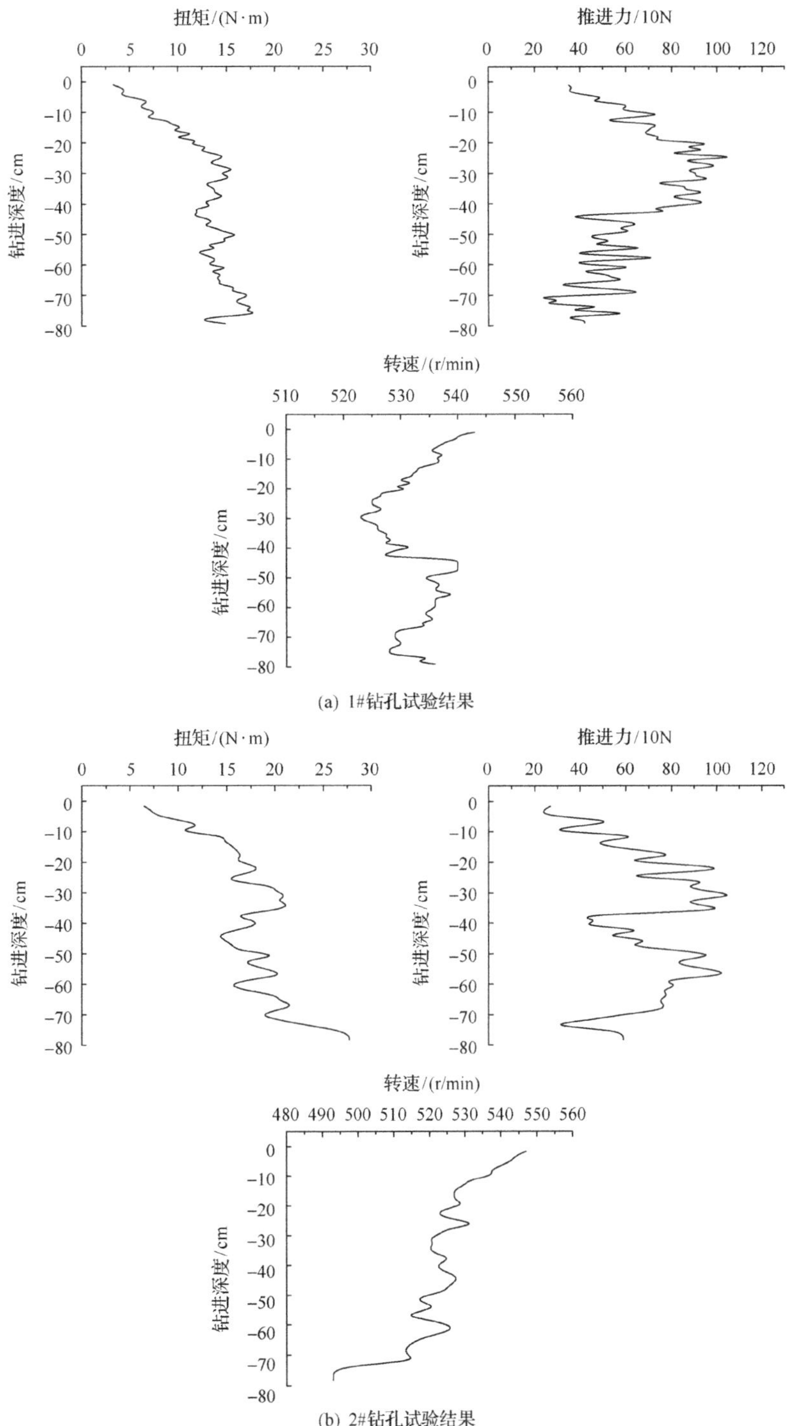

图 4.18　0MPa 钻进围压条件下砂土钻进试验曲线(5%含水率)

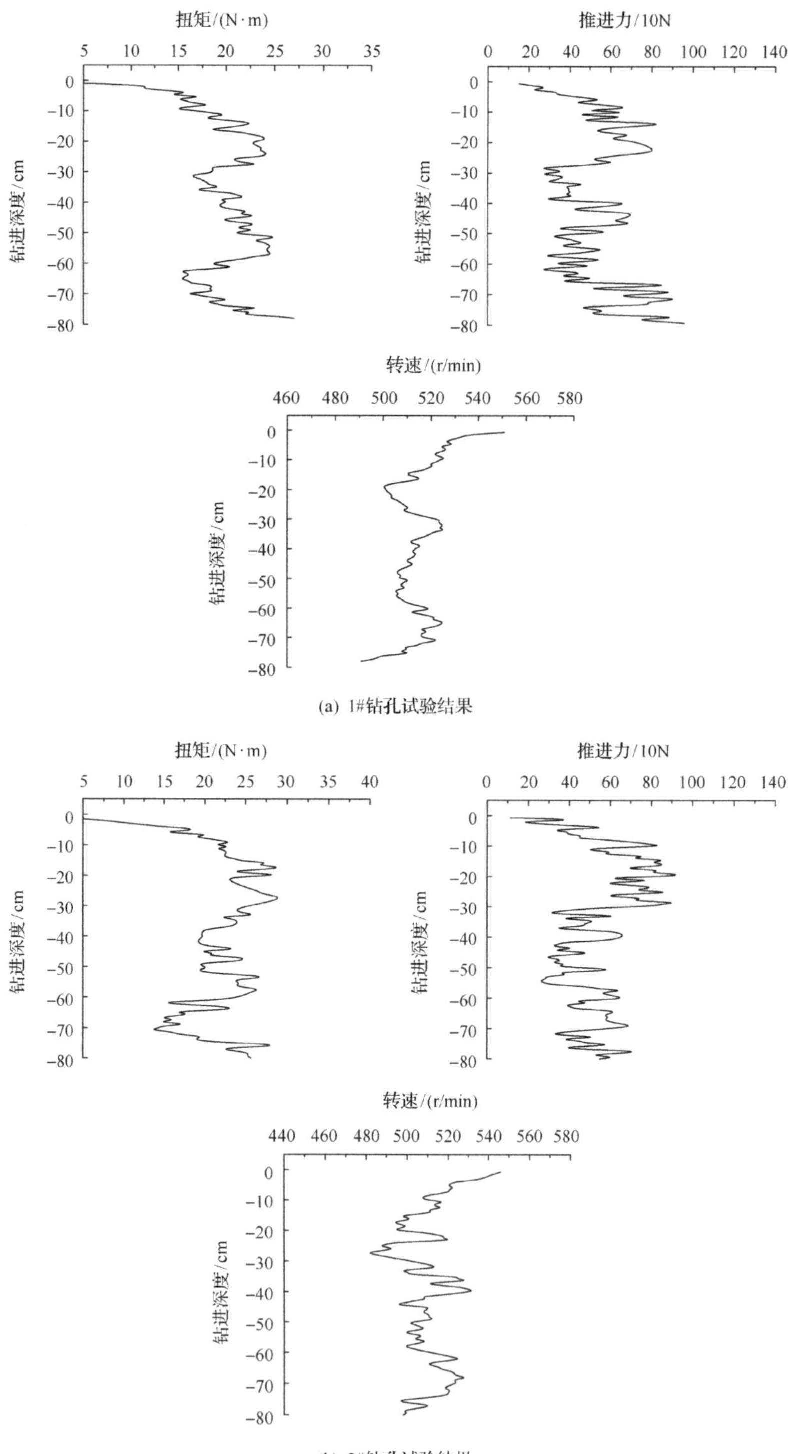
扭矩/(N·m)
推进力/10N
转速/(r/min)
钻进深度/cm
(a) 1#钻孔试验结果
扭矩/(N·m)
推进力/10N
转速/(r/min)
钻进深度/cm

(b) 2#钻孔试验结果

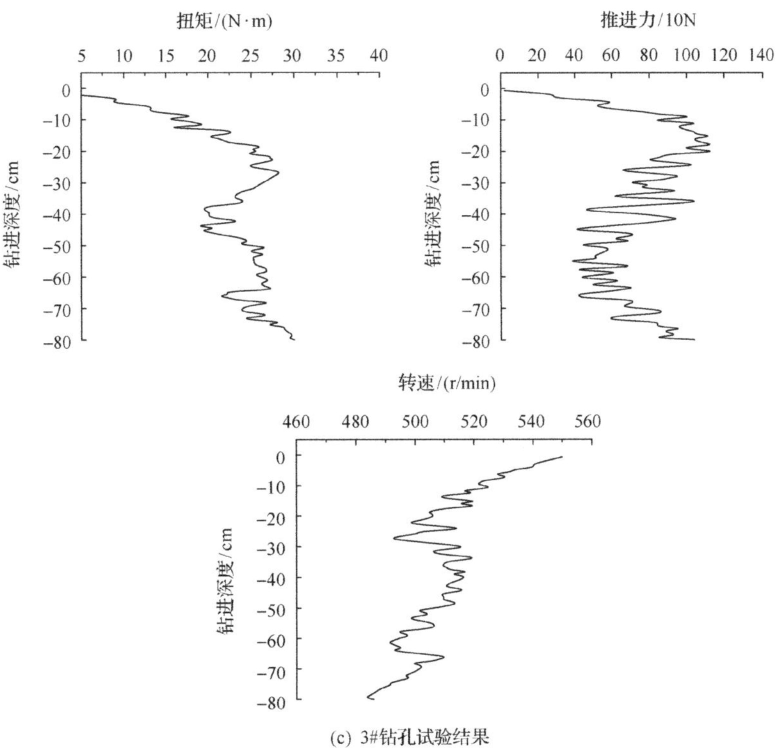

(c) 3#钻孔试验结果

图 4.19　0.12MPa 钻进围压条件下砂土钻进试验曲线(5%含水率)

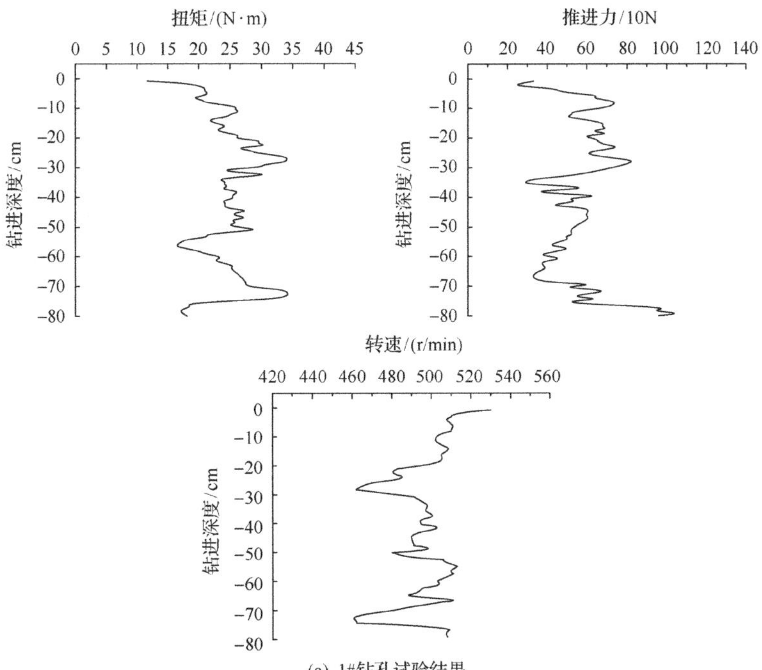

(a) 1#钻孔试验结果

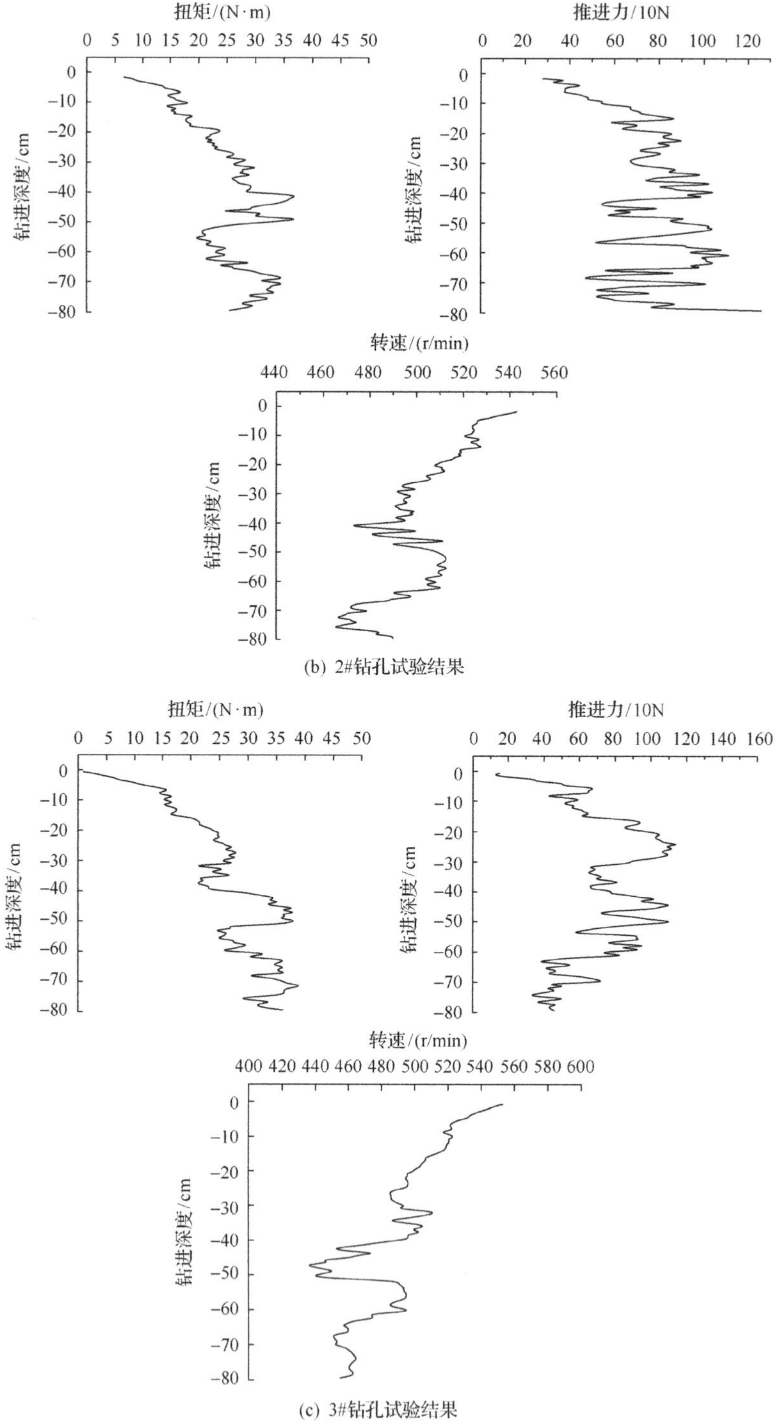

(b) 2#钻孔试验结果

(c) 3#钻孔试验结果

图 4.20　0.18MPa 钻进围压条件下砂土钻进试验曲线(5%含水率)

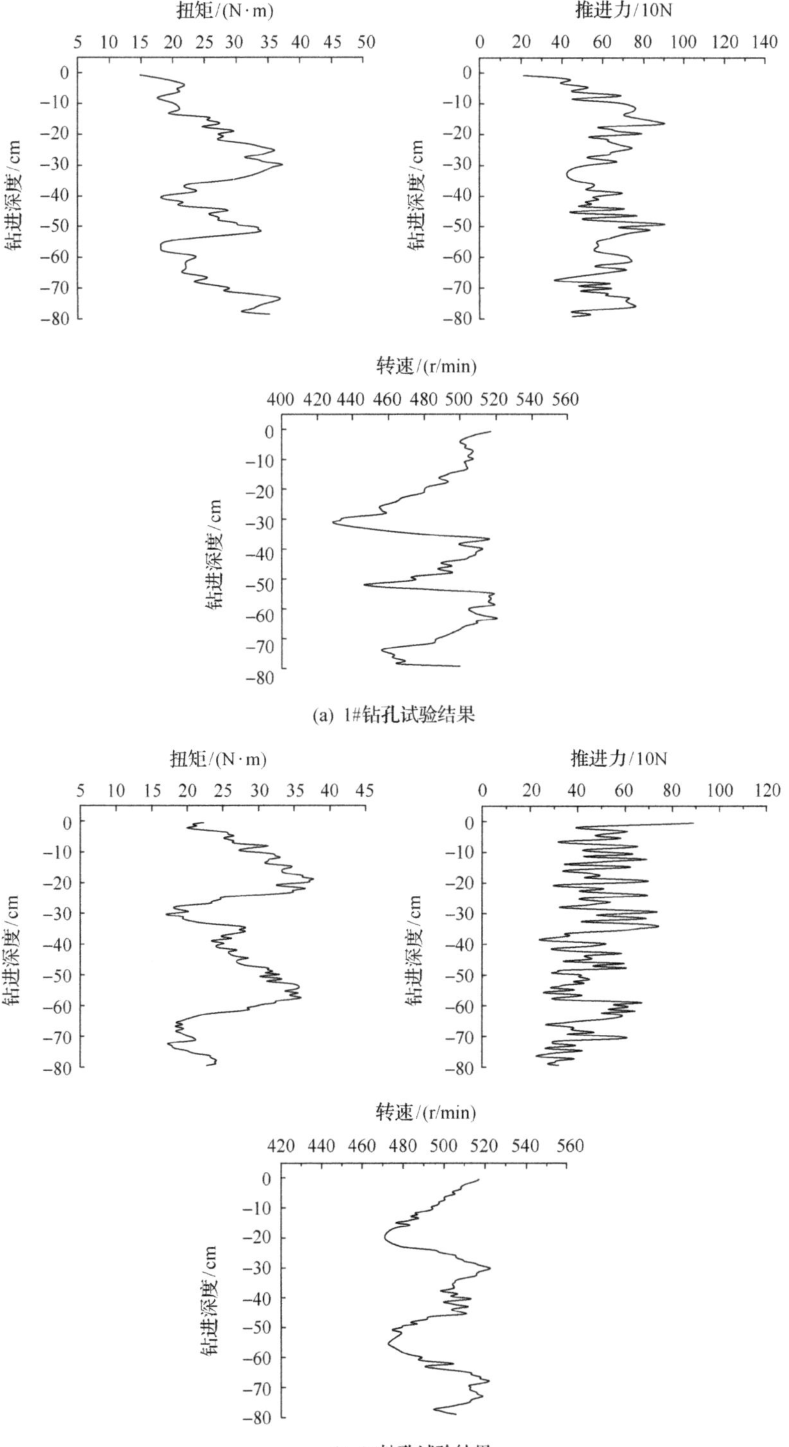

(a) 1#钻孔试验结果

(b) 2#钻孔试验结果

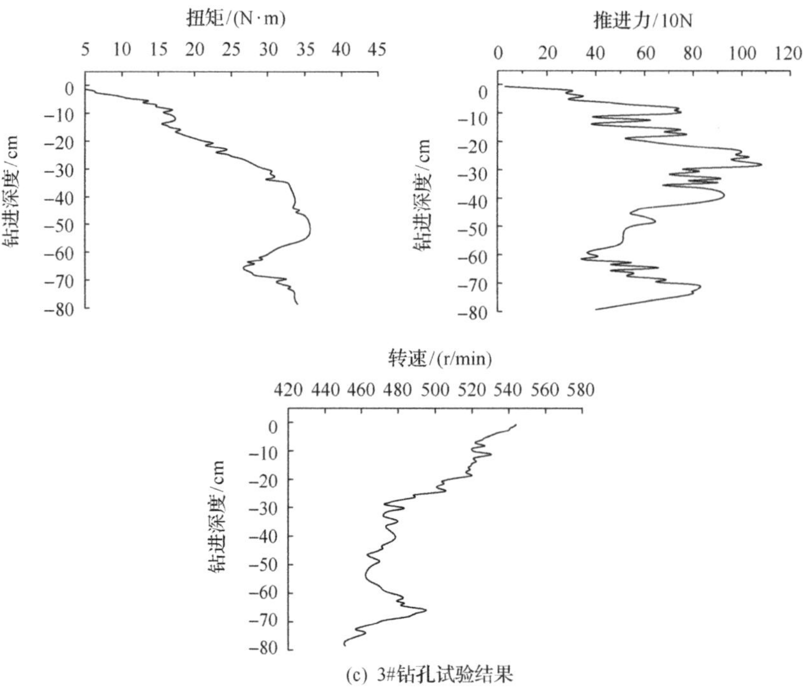

(c) 3#钻孔试验结果

图 4.21　0.24MPa 钻进围压条件下砂土钻进试验曲线(5%含水率)

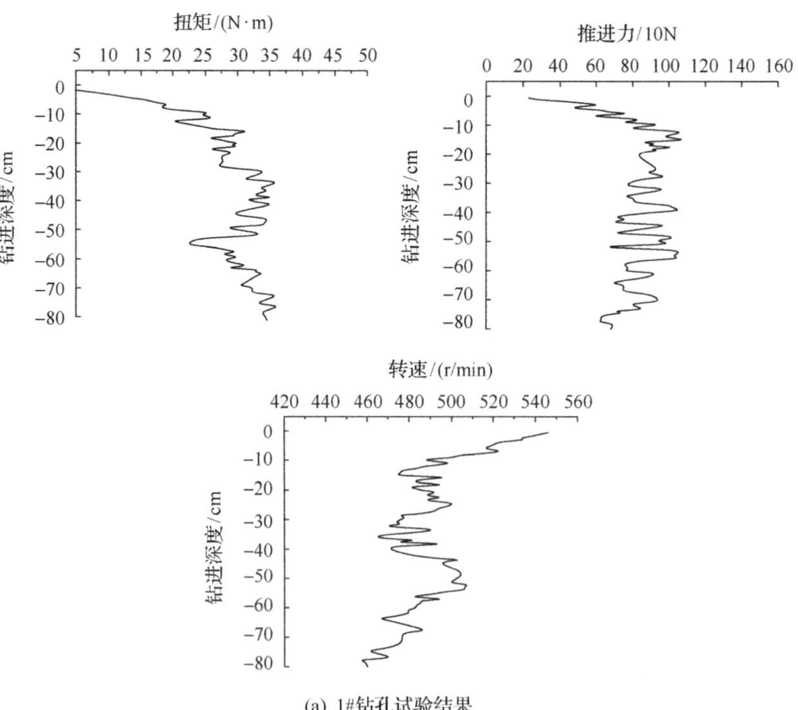

(a) 1#钻孔试验结果

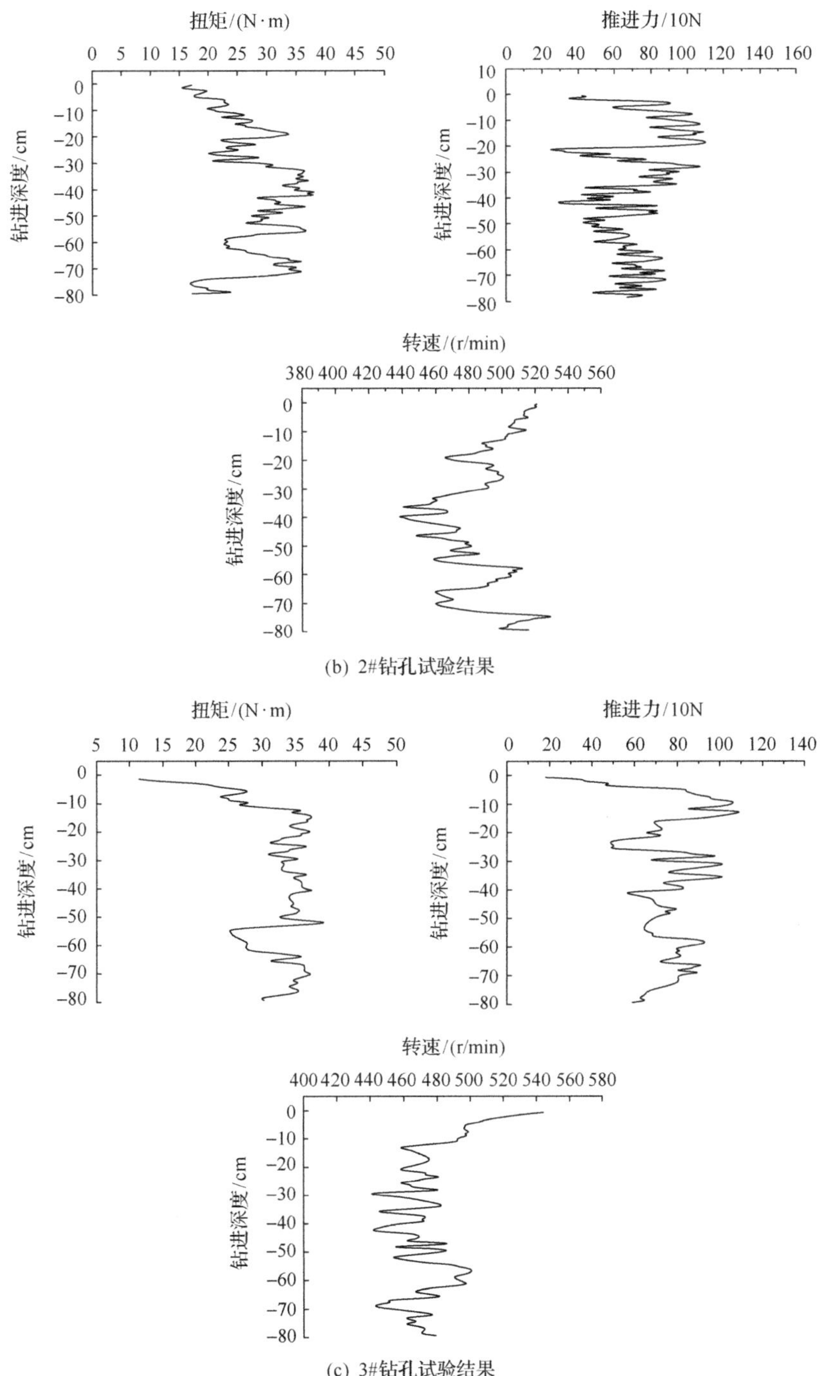

(b) 2#钻孔试验结果

(c) 3#钻孔试验结果

图 4.22　0.42MPa 钻进围压条件下砂土钻进试验曲线(5%含水率)

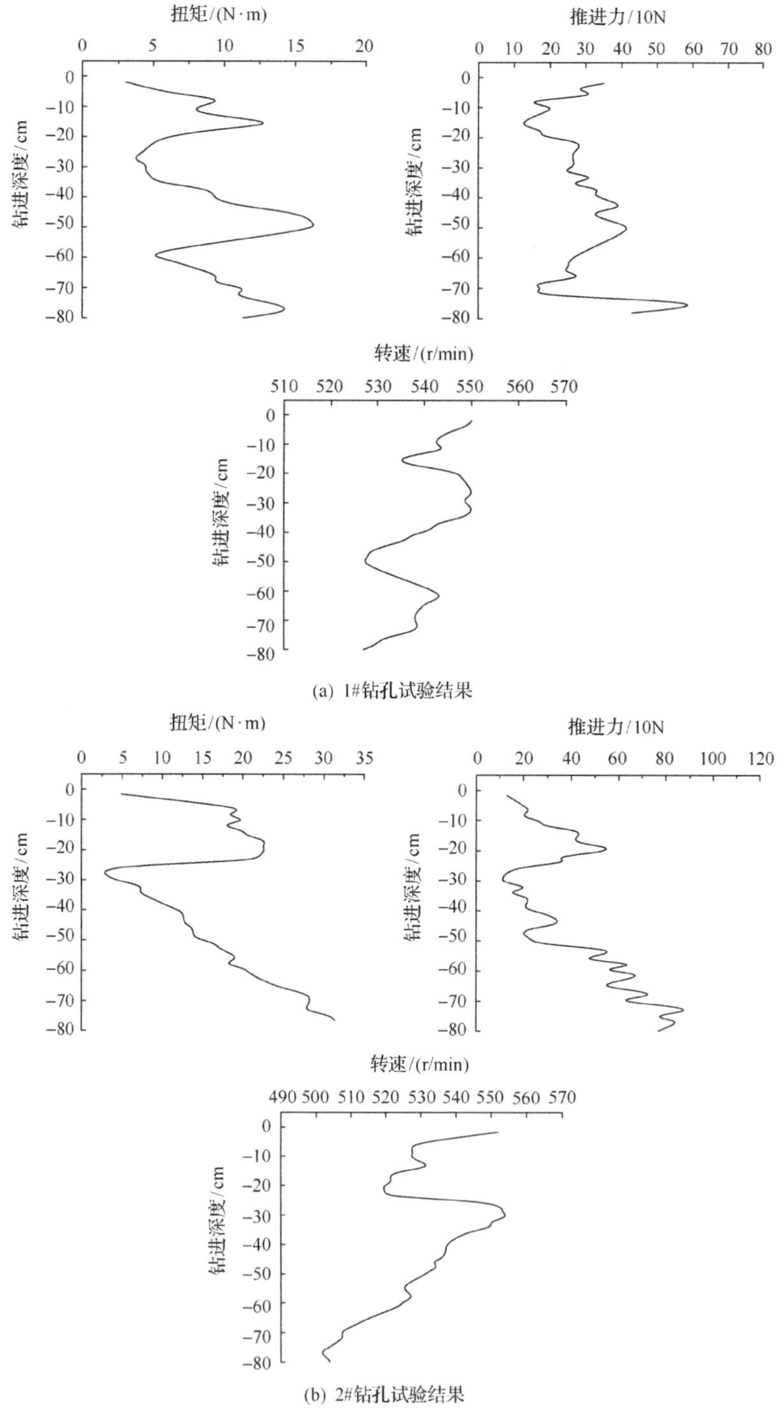

图 4.23　0MPa 钻进围压条件下砂土钻进试验曲线(10%含水率)

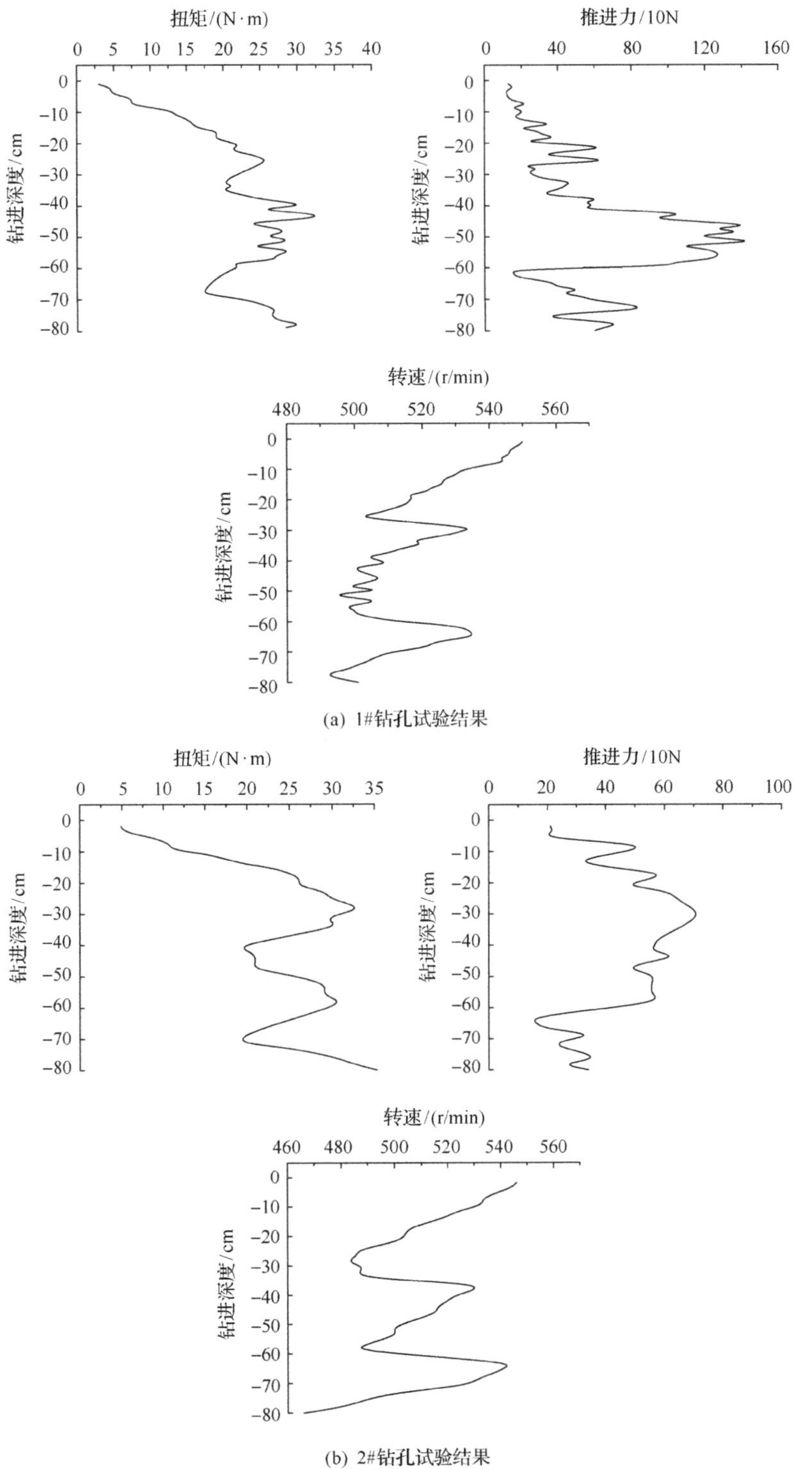

(a) 1#钻孔试验结果

(b) 2#钻孔试验结果

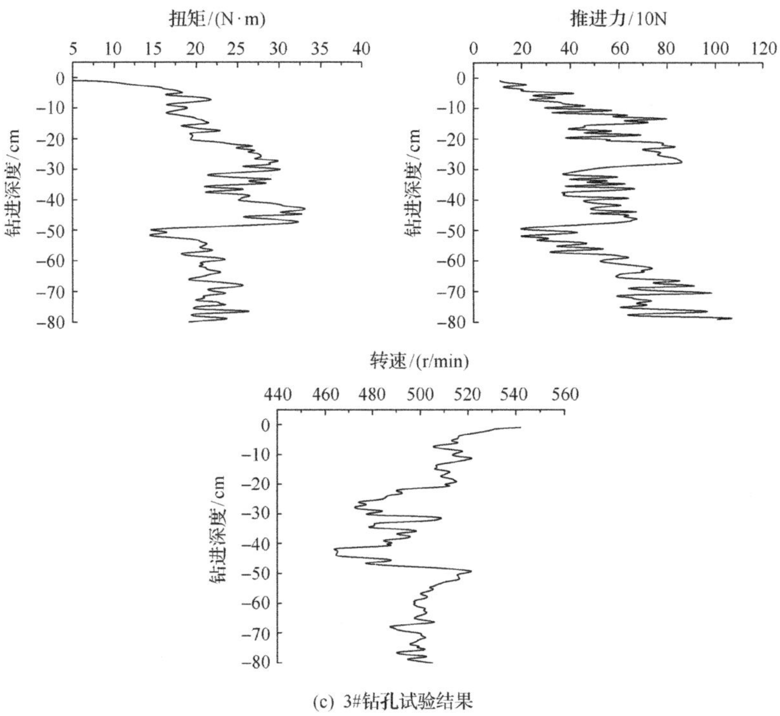

(c) 3#钻孔试验结果

图 4.24　0.12MPa 钻进围压条件下砂土钻进试验曲线(10%含水率)

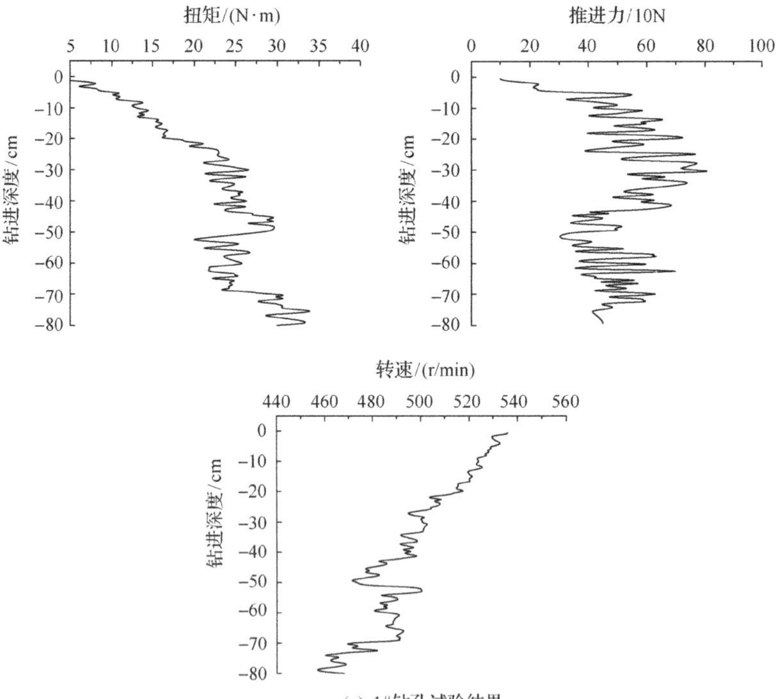

(a) 1#钻孔试验结果

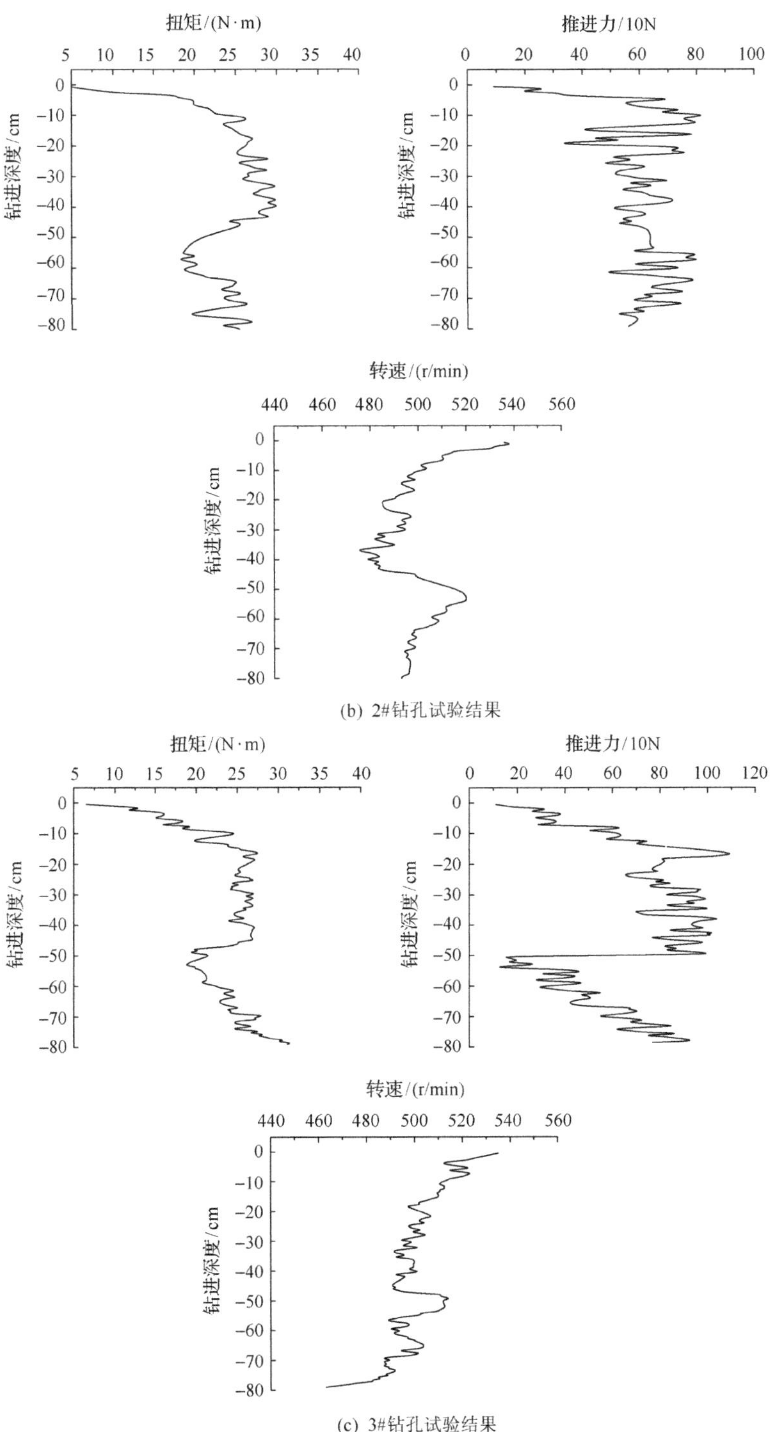

图 4.25　0.18MPa 钻进围压条件下砂土钻进试验曲线(10%含水率)

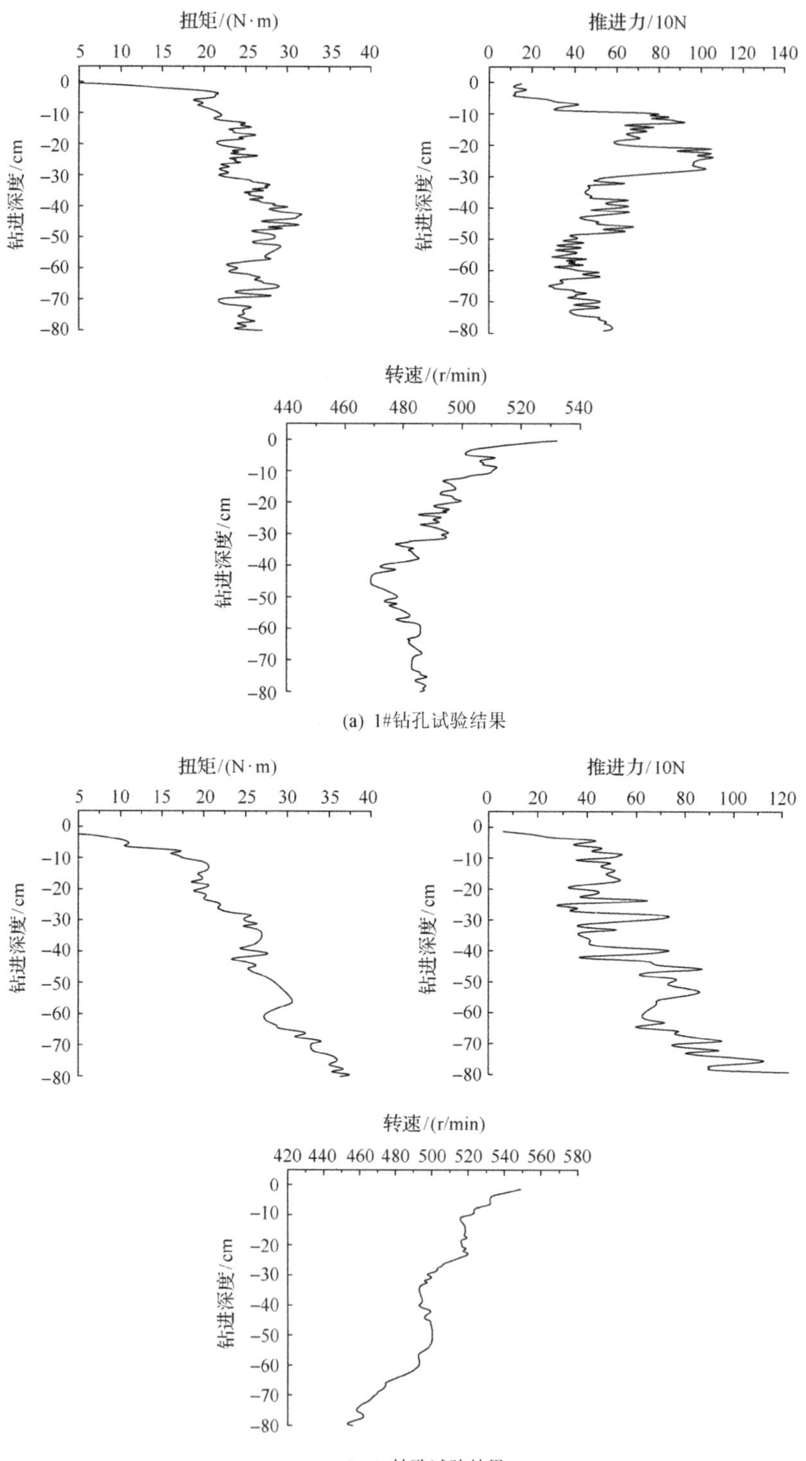

(a) 1#钻孔试验结果

(b) 2#钻孔试验结果

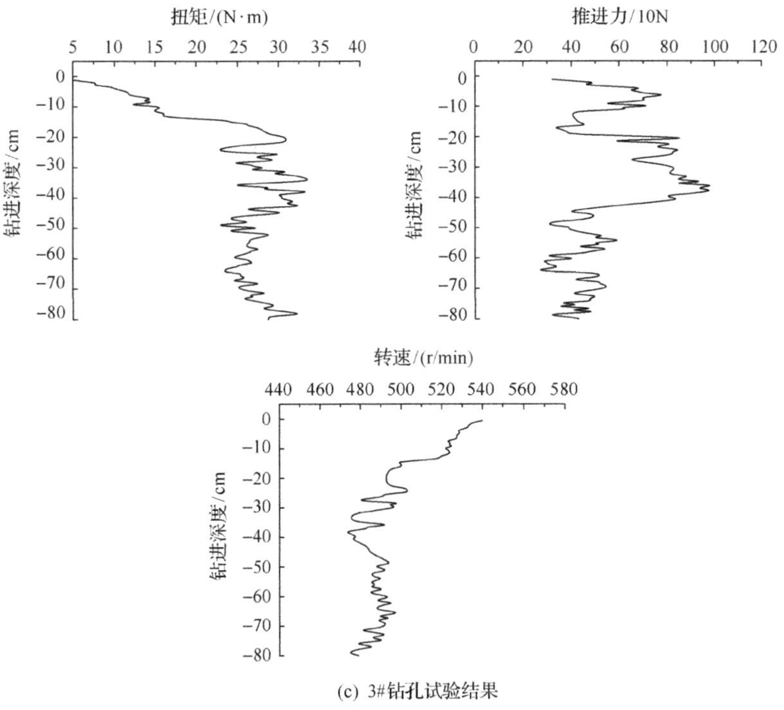

(c) 3#钻孔试验结果

图 4.26　0.24MPa 钻进围压条件下砂土钻进试验曲线(10%含水率)

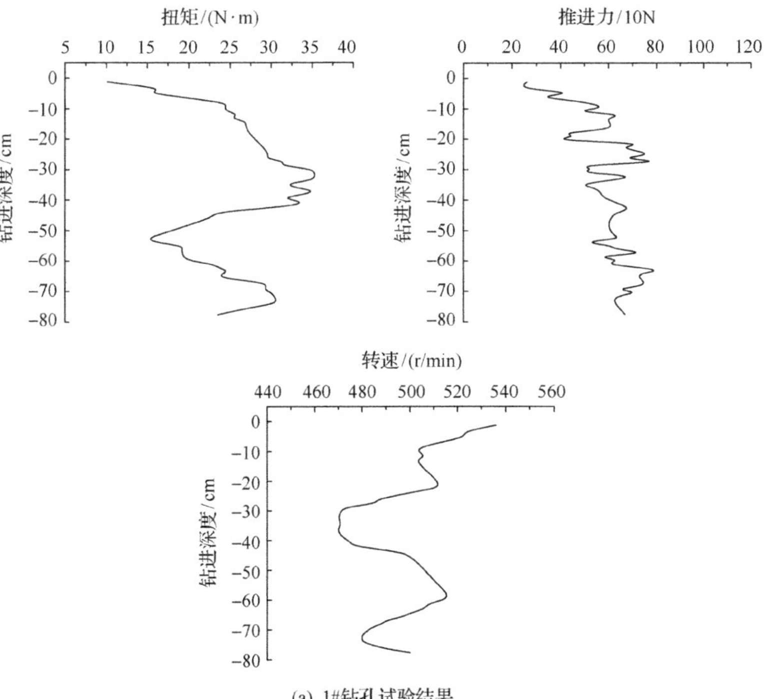

(a) 1#钻孔试验结果

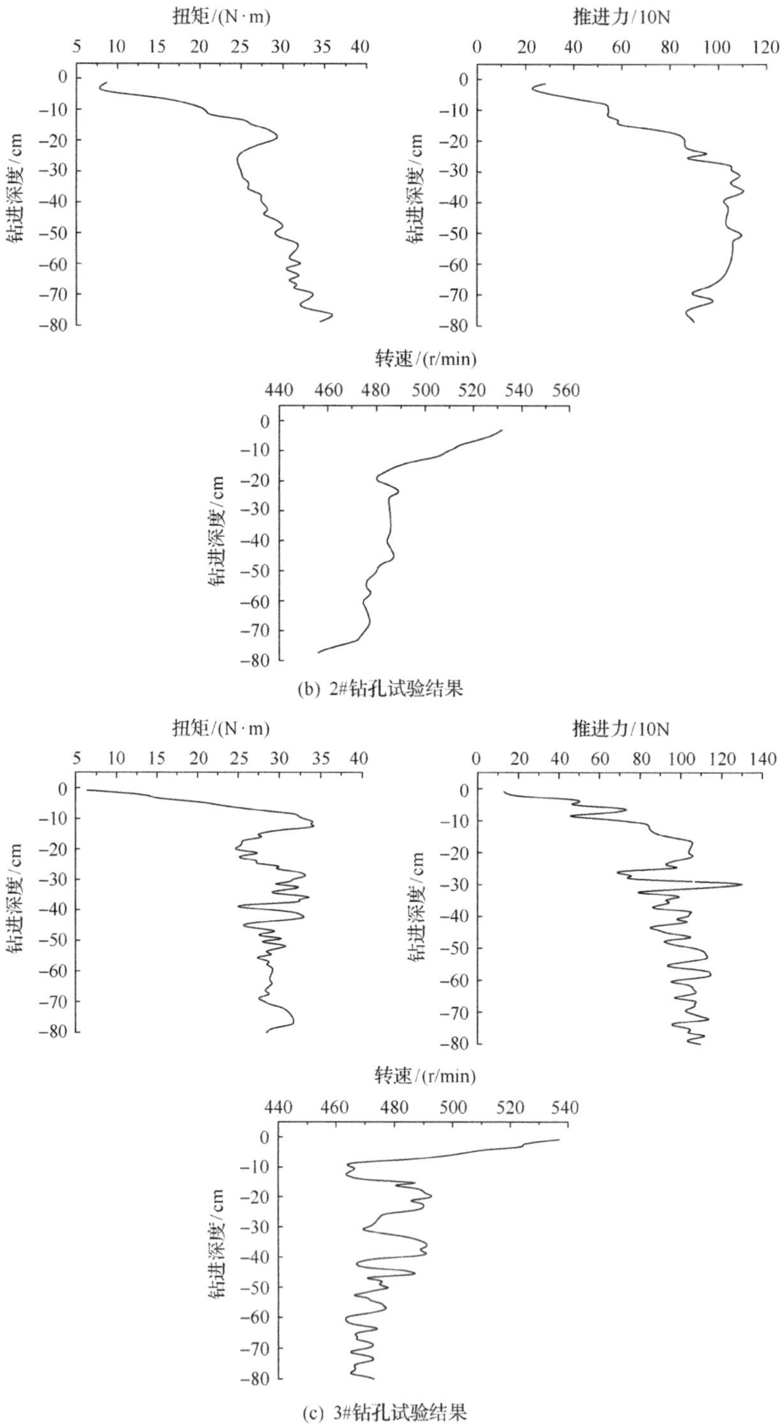

图 4.27　0.42MPa 钻进围压条件下砂土钻进试验曲线(10%含水率)

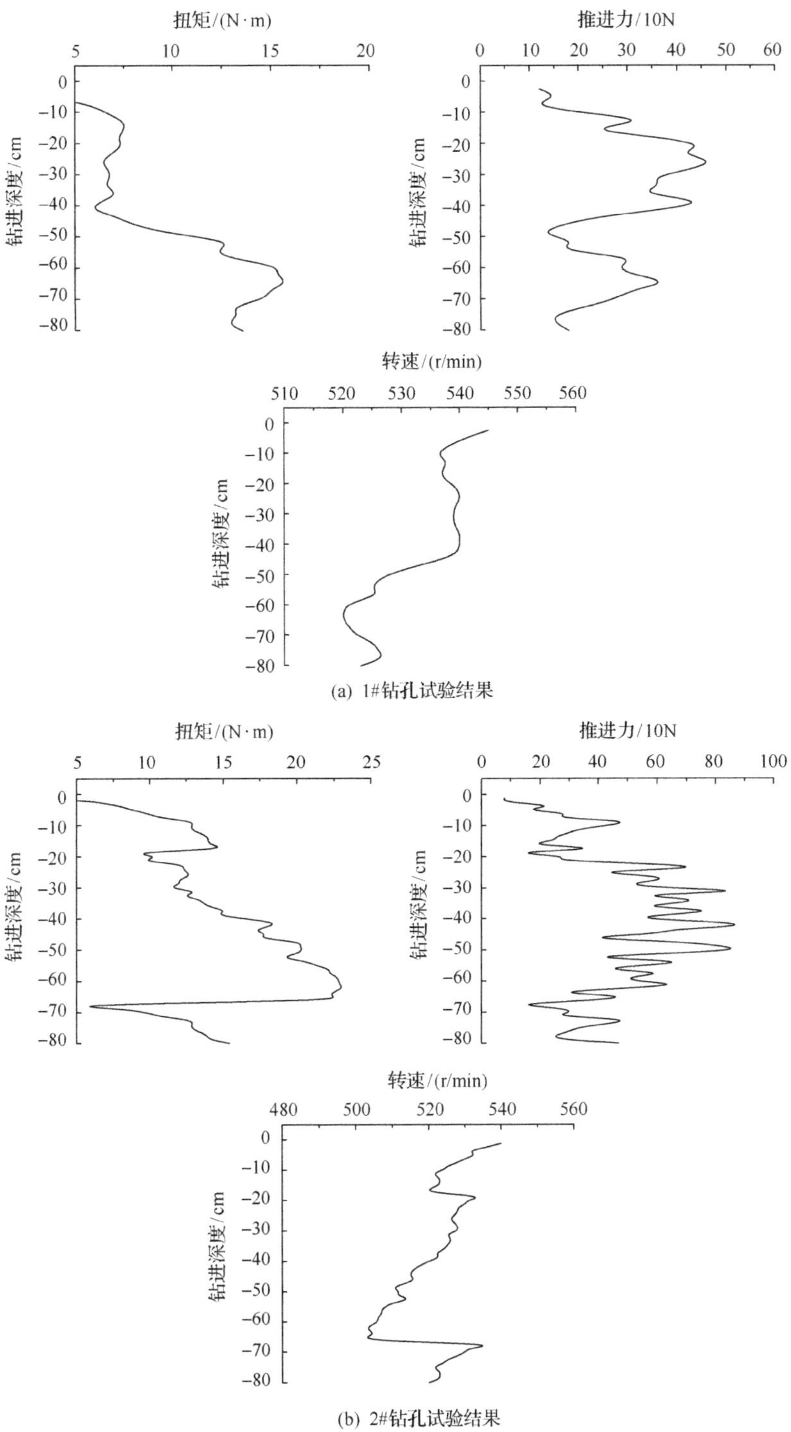

图 4.28　0MPa 钻进围压条件下砂土钻进试验曲线(15%含水率)

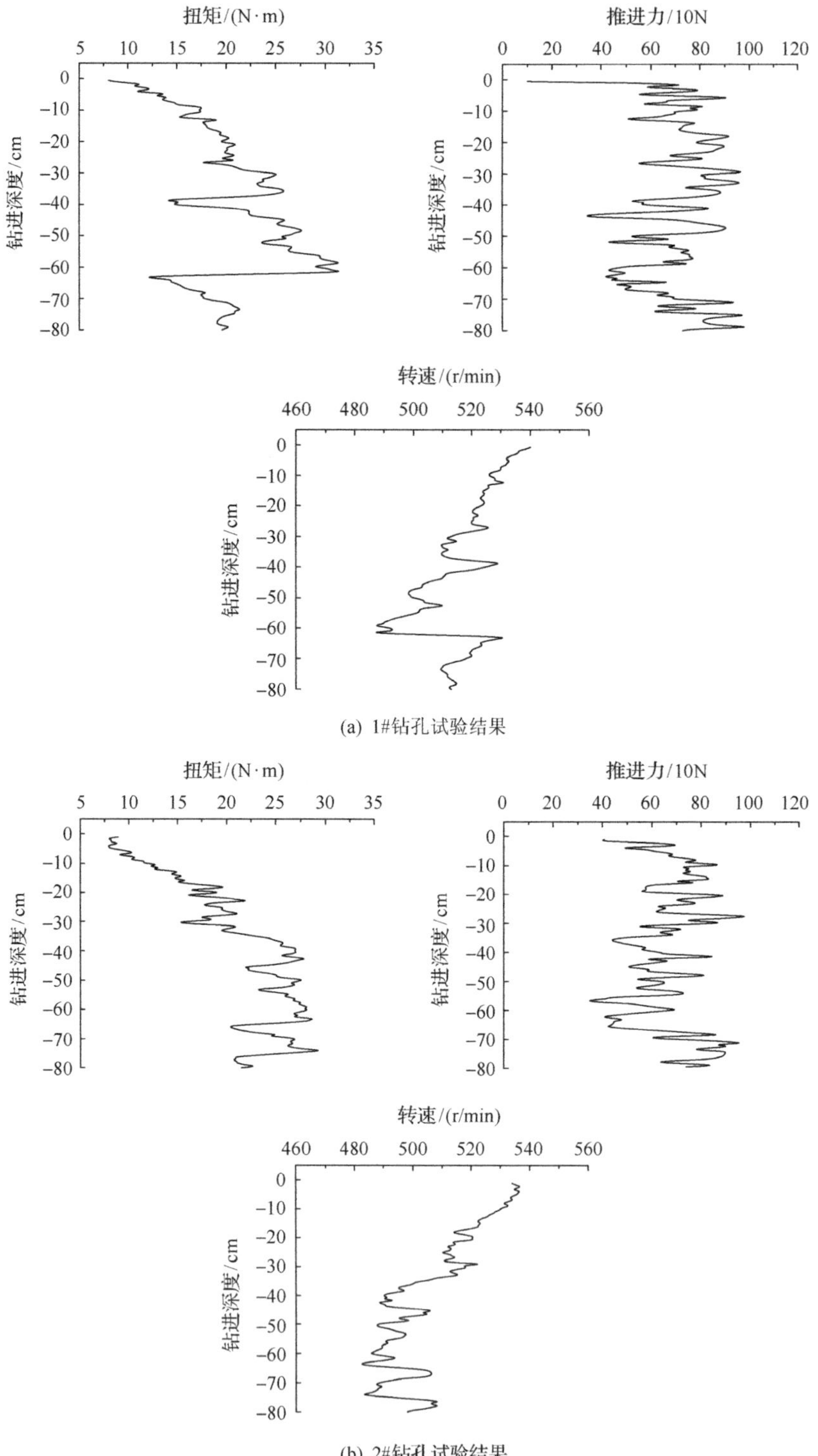

(a) 1#钻孔试验结果

(b) 2#钻孔试验结果

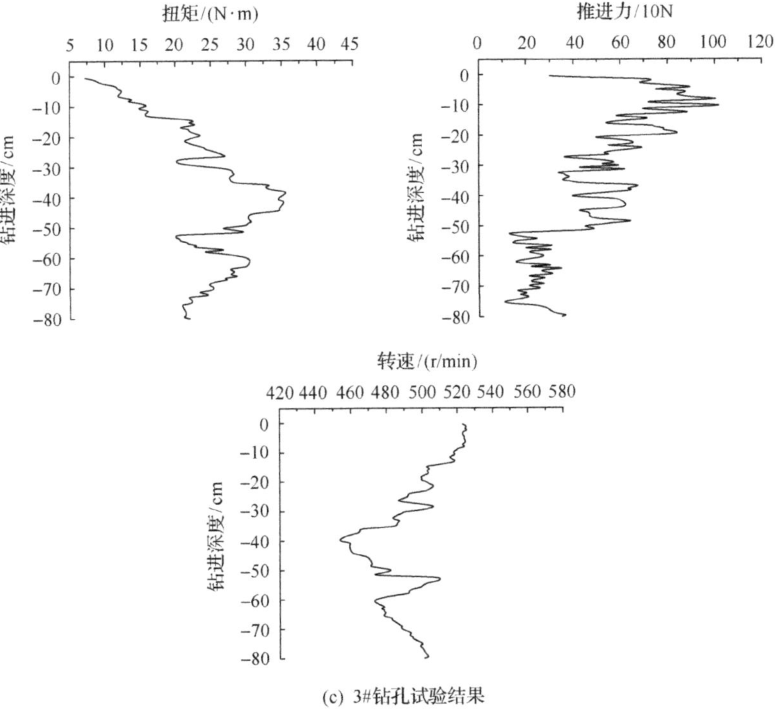

(c) 3#钻孔试验结果

图 4.29　0.12MPa 钻进围压条件下砂土钻进试验曲线(15%含水率)

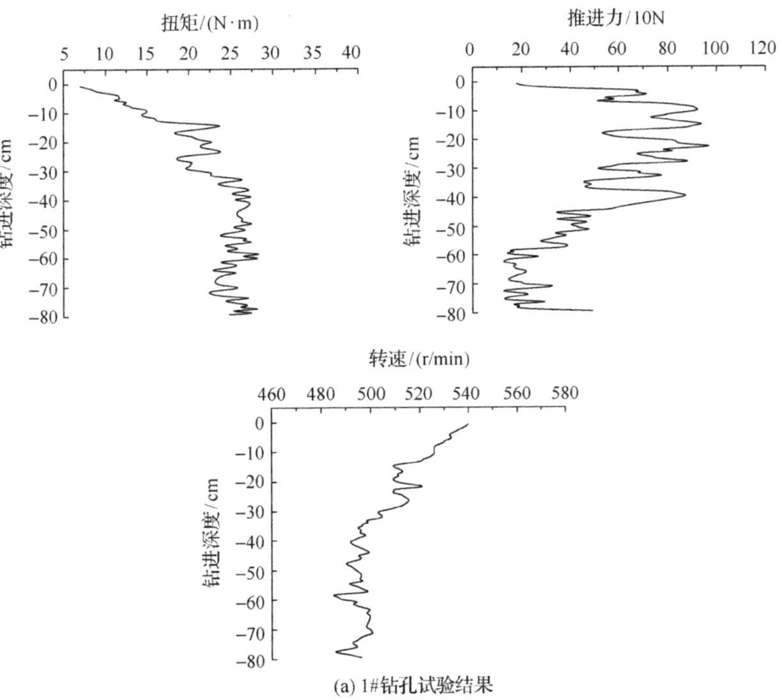

(a) 1#钻孔试验结果

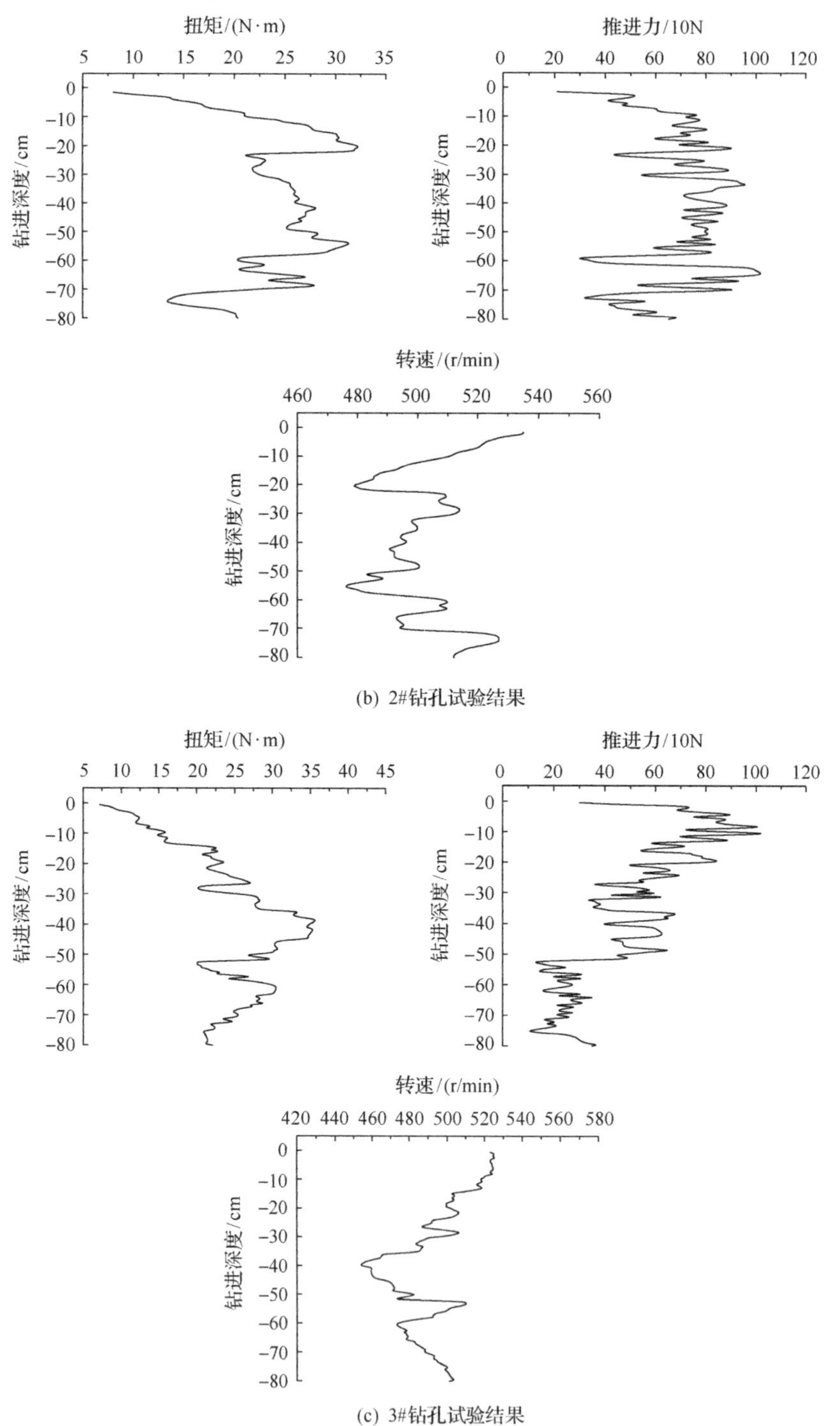

图 4.30　0.18MPa 钻进围压条件下砂土钻进试验曲线(15%含水率)

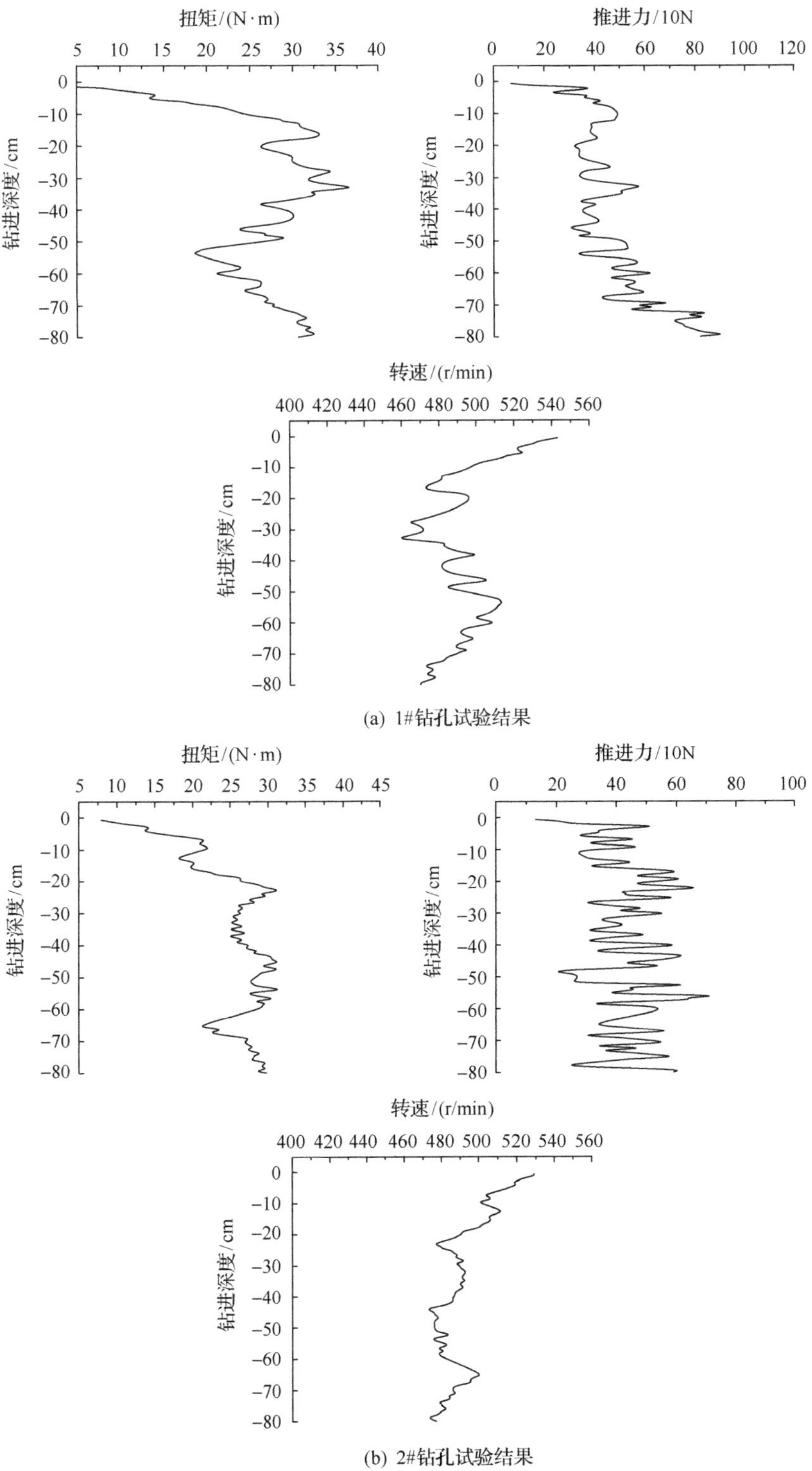

(a) 1#钻孔试验结果

(b) 2#钻孔试验结果

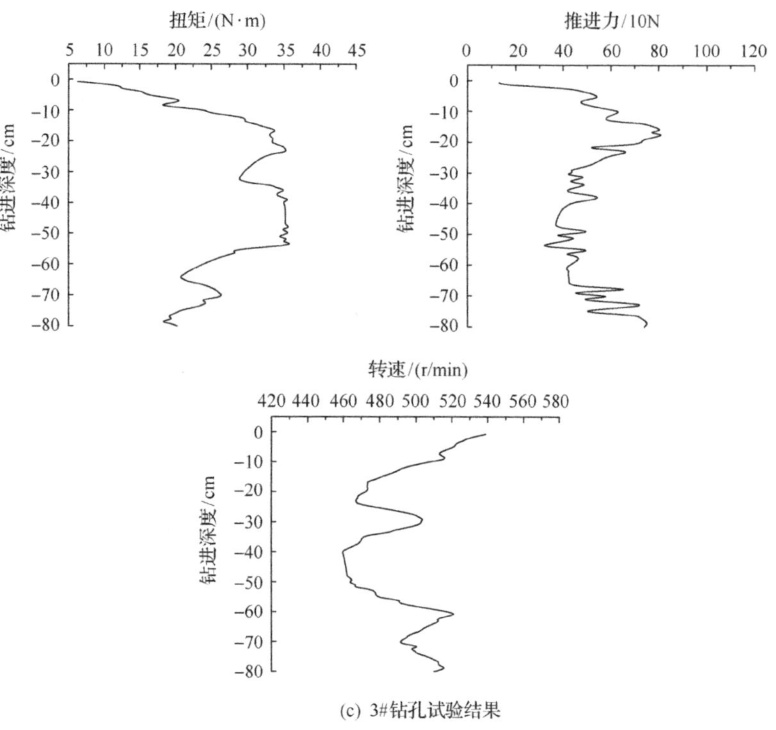

(c) 3#钻孔试验结果

图 4.31　0.24MPa 钻进围压条件下砂土钻进试验曲线(15%含水率)

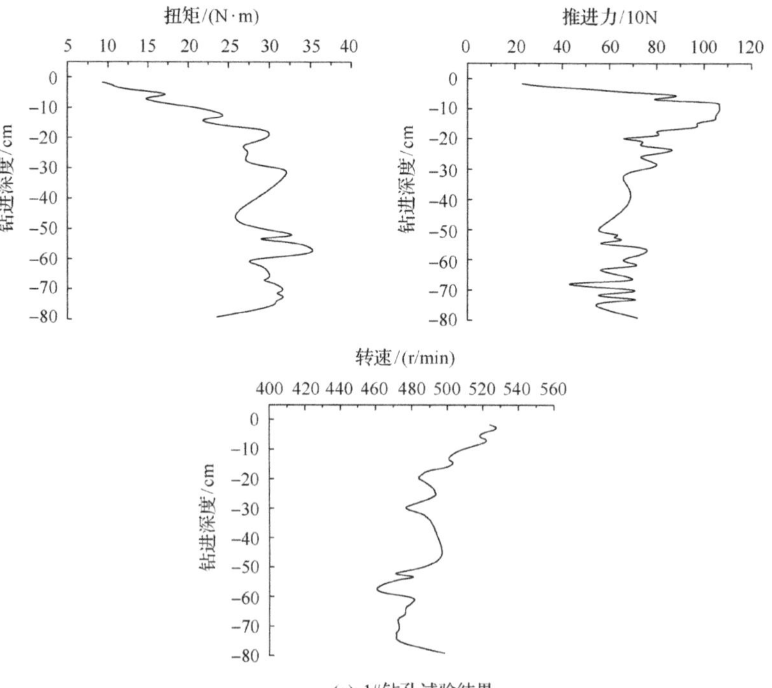

(a) 1#钻孔试验结果

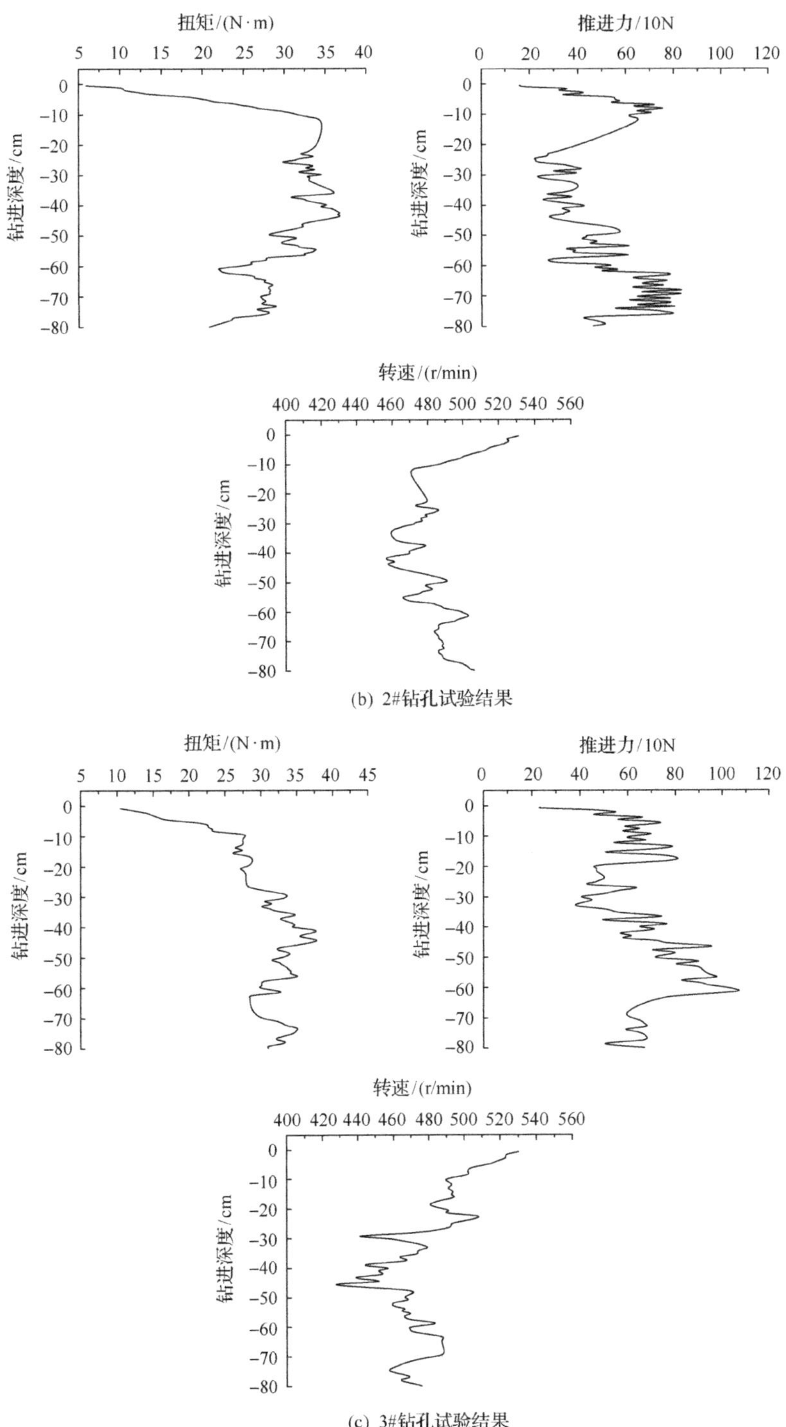

(b) 2#钻孔试验结果

(c) 3#钻孔试验结果

图 4.32　0.42MPa 钻进围压条件下砂土钻进试验曲线(15%含水率)

4. 不同含水率不同钻进围压条件下砂土钻进试验结果

对处于各初始条件下的砂土开展三组随钻试验，记录各条件下钻进参数，剔除错误数据后，统计各钻进参数平均值作为最终数值，如表 4.2 所示。

表 4.2　不同初始条件下砂土随钻特性试验结果统计

含水率/%	钻进围压/MPa	压实度/%	试验序号	扭矩/(N·m)	扭矩平均值/(N·m)	推进力/10N	推进力平均值/10N	转速/(r/min)	转速平均值/(r/min)
5	0	86	1#	12.54	14.98	62.36	65.08	532.35	527.48
			2#	17.43		67.81		522.62	
	0.12	88	1#	19.57	21.13	53.76	61.13	514.59	511.12
			2#	21.71		57.05		509.43	
			3#	22.10		72.59		509.33	
	0.18	90	1#	24.34	25.00	61.42	68.94	496.08	494.53
			2#	24.37		73.49		499.62	
			3#	26.29		71.90		487.89	
	0.24	92	1#	26.37	26.69	63.61	57.93	483.30	485.59
			2#	26.57		47.53		494.89	
			3#	27.13		62.65		478.59	
	0.42	94	1#	27.32	28.65	77.34	74.96	489.61	481.76
			2#	27.68		74.18		482.74	
			3#	30.96		73.36		472.93	
10	0	86	1#	9.01	13.27	32.08	36.60	540.45	534.27
			2#	17.52		41.12		528.08	
	0.12	88	1#	20.02	21.21	58.84	54.80	516.73	507.77
			2#	21.42		49.00		508.47	
			3#	22.19		56.55		498.10	
	0.18	90	1#	22.29	23.49	52.04	59.40	497.83	498.27
			2#	24.02		60.34		497.61	
			3#	24.17		65.83		499.36	
	0.24	92	1#	24.18	24.54	52.09	54.19	489.95	493.75
			2#	24.47		57.47		498.75	
			3#	24.96		53.00		492.54	
	0.42	94	1#	25.17	26.99	62.05	81.48	497.30	486.96
			2#	27.15		86.02		486.18	
			3#	28.65		96.38		477.40	
15	0	86	1#	9.46	12.10	27.74	36.96	532.64	526.84
			2#	14.75		46.18		521.04	
	0.12	88	1#	20.52	21.10	70.38	61.74	515.69	509.93
			2#	20.81		66.32		506.95	
			3#	21.97		48.53		507.15	
	0.18	90	1#	22.18	23.08	50.53	56.45	504.98	500.68
			2#	23.48		69.40		502.58	
			3#	23.57		49.42		494.48	

续表

含水率/%	钻进围压/MPa	压实度/%	试验序号	扭矩/(N·m)	扭矩平均值/(N·m)	推进力/10N	推进力平均值/10N	转速/(r/min)	转速平均值/(r/min)
15	0.24	92	1#	25.50	25.63	48.75	48.41	493.86	492.52
			2#	25.54		43.16		490.37	
			3#	25.86		53.32		493.32	
	0.42	94	1#	26.28	28.07	70.96	61.19	489.48	484.49
			2#	28.15		49.05		486.38	
			3#	29.78		63.55		477.60	

4.2　模型岩土原位微探规律

通过开展黏土、砂土不同含水率、不同微探围压条件下微探试验，得到含水率、微探围压对黏土、砂土微探扭矩、推进力、转速影响规律(图 4.33～图 4.35)。

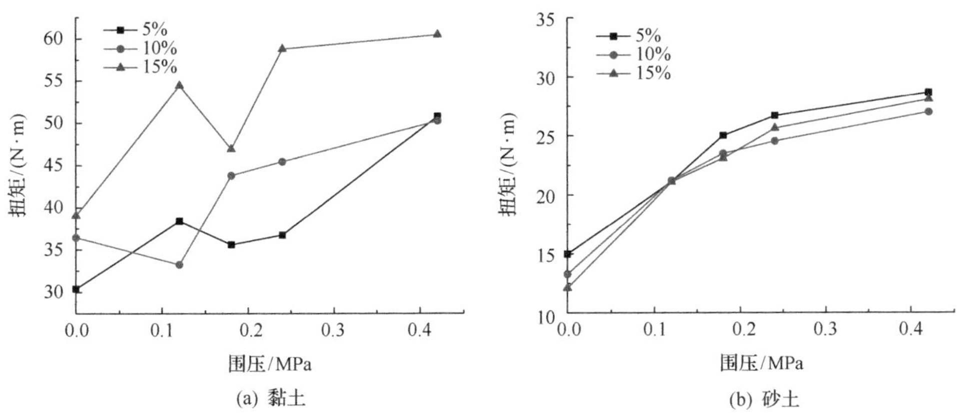

图 4.33　含水率、微探围压对黏土、砂土微探扭矩影响规律

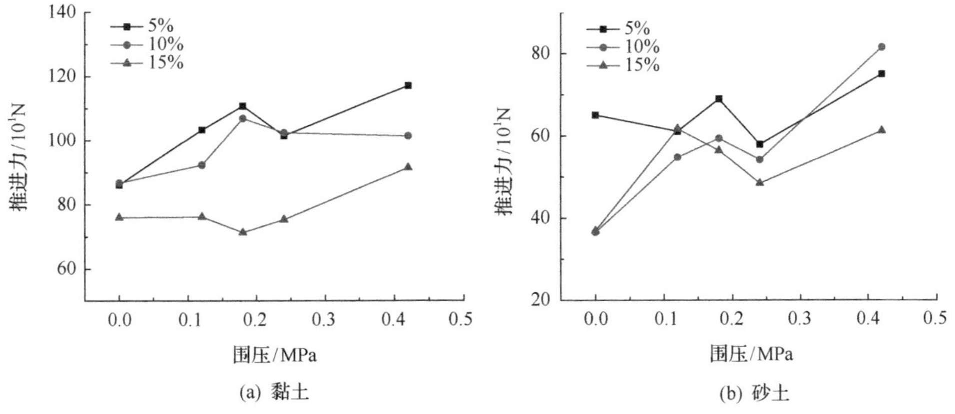

图 4.34　含水率、微探围压对黏土、砂土微探推进力影响规律

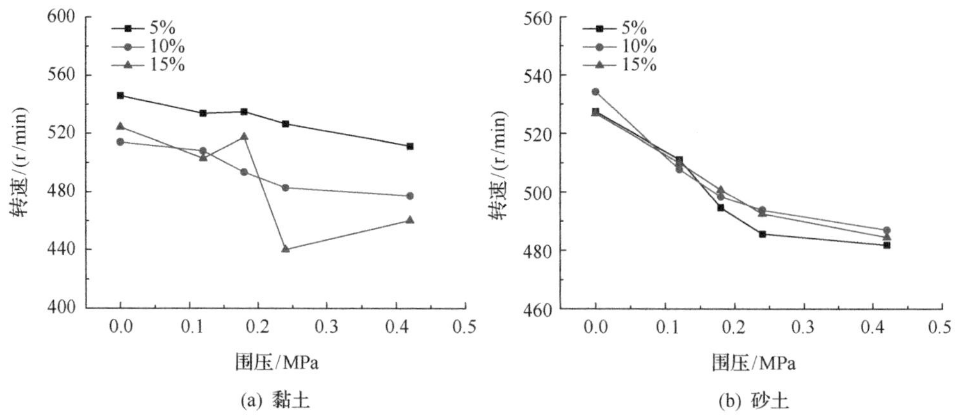

(a) 黏土　　(b) 砂土

图 4.35　含水率、微探围压对黏土、砂土微探转速影响规律

由图可知，当钻进围压一定时，随着含水率的增大，黏土的扭矩增大、推进力减小、转速减小，砂土的扭矩减小、推进力减小、转速增大；当含水率一定时，随着微探围压增大，黏土、砂土的微探扭矩、推进力均增大、微探转速均减小。微探参量与土体含水率及钻进围压具有很强的相关关系，为通过微探参量反演土体物性、力性参数提供基础。

第 5 章　原状岩土体原位力学旋转触探分析

本章介绍了基于微损触探信息的道路地下病害原位识别与预测工程实例，现场获取了岩土体微损触探动态参数，室内三轴试验得到了微探岩土体芯样的力学参数，综合原位岩土体微损触探参数、室内试验参数，建立微损触探参数与岩土体力学参数数学模型，实现岩土体微损触探动态参量定量反演力学参量，为基于微损触探信息的岩土工程灾害原位预测与评价提供重要参考。

5.1　原状岩土强度参数实验

5.1.1　实验准备

在某城市道路地下病害检测现场，采用自主研制的数字式微损旋转触探仪获取病害区域原位芯样，依据《岩土工程勘察规范》《公路工程勘察规范》识别芯样各层的材料类型并测出各层位高度，记录好相关信息后放入盛放盒中运回实验室。本节中，从 5 个钻孔提取了 8 类芯样用于室内试验，钻取的芯样如图 5.1 所示。

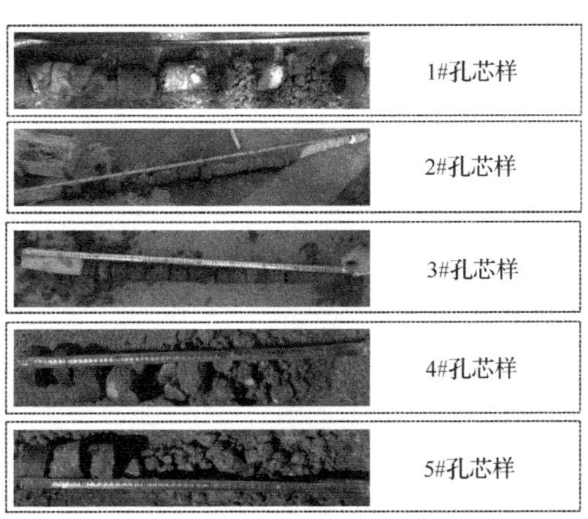

图 5.1　原位岩土体芯样

5.1.2　实验方案与仪器

以《土工试验规程》《公路土工试验规程》为依据，采用规范中规定的仪器设备对八类 60 个试样(沥青混凝土、水泥砂浆、水泥稳定碎石、细粒土砂、黏土质砂、粉土质砂、压实粉土、黏土）进行了天然含水率、天然密度、颗粒筛分、界限含水率、单轴压缩以及三轴压缩实验。鉴于研究的需要，细粒土砂、黏土质砂、粉土质砂、压实粉土、黏土上述实验全部进行，而沥青混凝土、水泥砂浆、水泥稳定碎石只进行天然密度、单轴压缩以及三轴压缩实验。在单轴、三轴压缩实验中，土及砂土类试样尺寸均为（φ3.91mm±3mm）×（H7.9mm±3mm），三轴压缩实验各级围压均为 100kPa、200kPa、300kPa、400kPa；沥青混凝土、水泥砂浆、水泥稳定碎石试样尺寸均为（φ5.0mm±3mm）×（H10.0mm±3mm），沥青混凝土三轴压缩实验各级围压为 200kPa、400kPa、800kPa、1200kPa，水泥砂浆三轴压缩实验各级围压为 2MPa、4MPa、6MPa、8MPa，水泥稳定碎石三轴压缩实验各级围压为 200kPa、400kPa、600kPa、800kPa。土体单轴/三轴试验采用 TSZ-1 型全自动三轴试验仪，如图 5.2 所示；岩体单轴/三轴试验采用 TAW-2000 型电液伺服岩石三轴实验机，如图 5.3 所示。

图 5.2　TSZ-1 型全自动三轴仪

图 5.3　TAW-2000 型电液伺服岩石三轴实验机

5.1.3　实验结果

单轴/三轴试验中各试样的典型破坏模式如图 5.4 所示。各类试样典型的单轴/三轴实验曲线如图 5.5 所示。

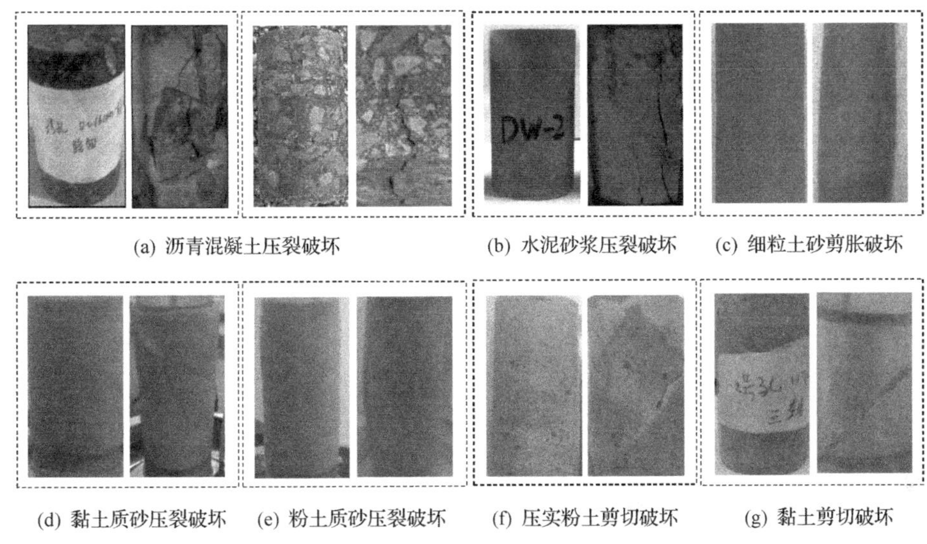

(a) 沥青混凝土压裂破坏　(b) 水泥砂浆压裂破坏　(c) 细粒土砂剪胀破坏

(d) 黏土质砂压裂破坏　(e) 粉土质砂压裂破坏　(f) 压实粉土剪切破坏　(g) 黏土剪切破坏

图 5.4　各试样的典型破坏模式

1. 原位岩土体单轴试验典型实验曲线(图 5.5)

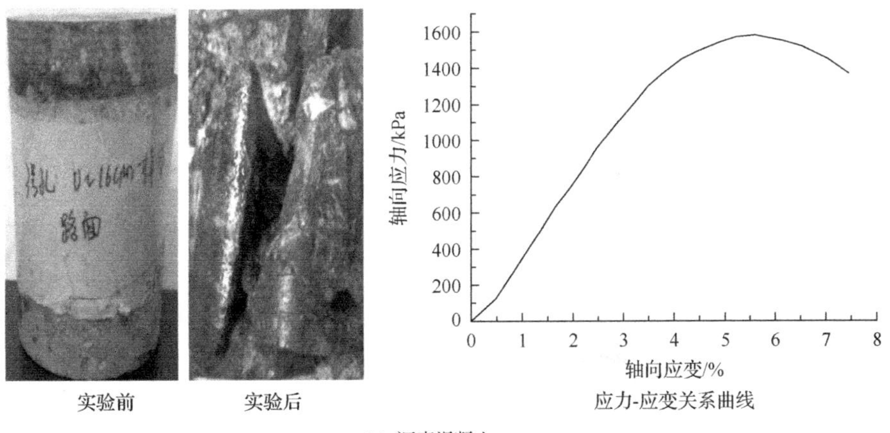

实验前　实验后　应力-应变关系曲线

(a) 沥青混凝土

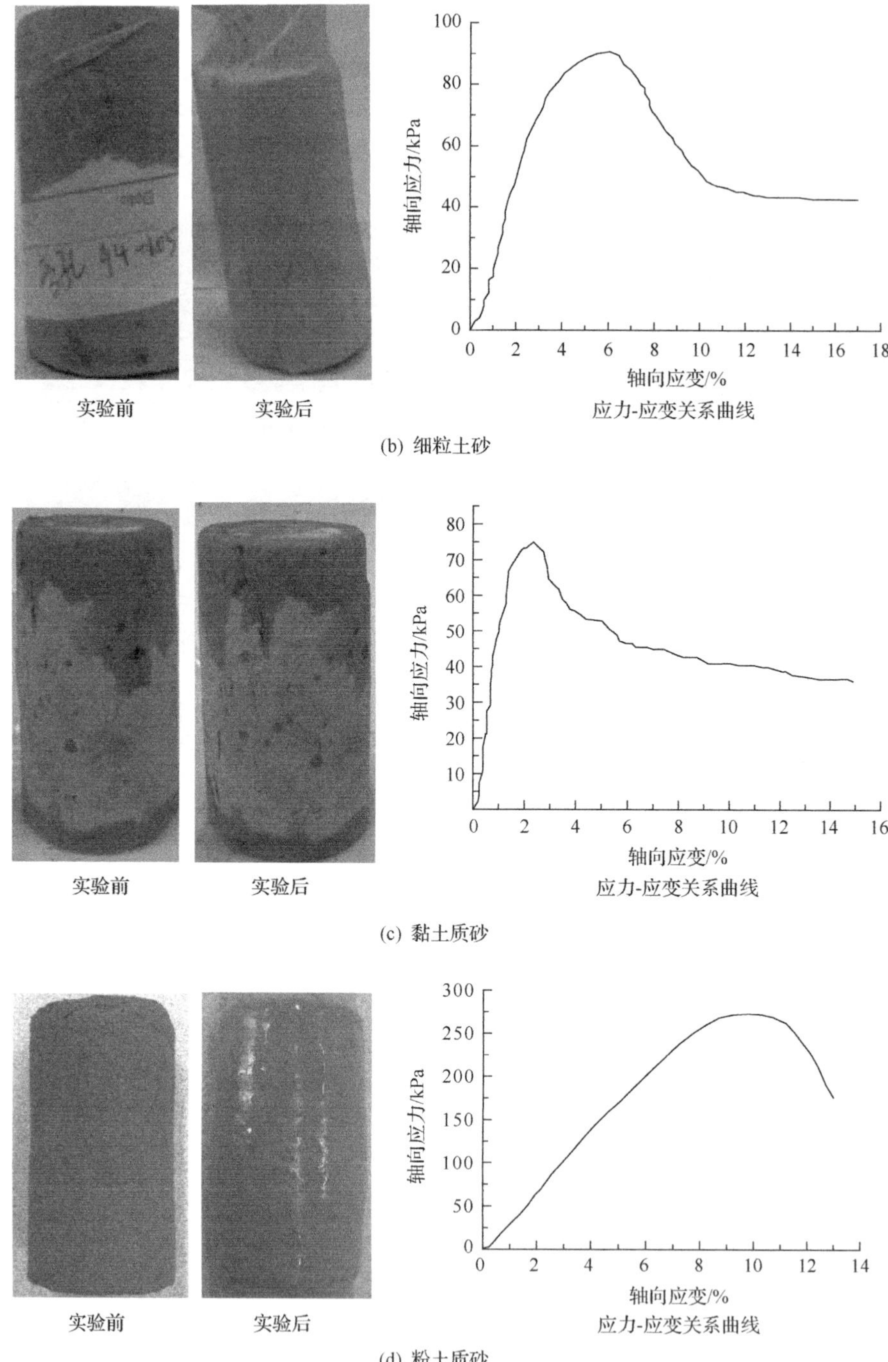

(b) 细粒土砂

(c) 黏土质砂

(d) 粉土质砂

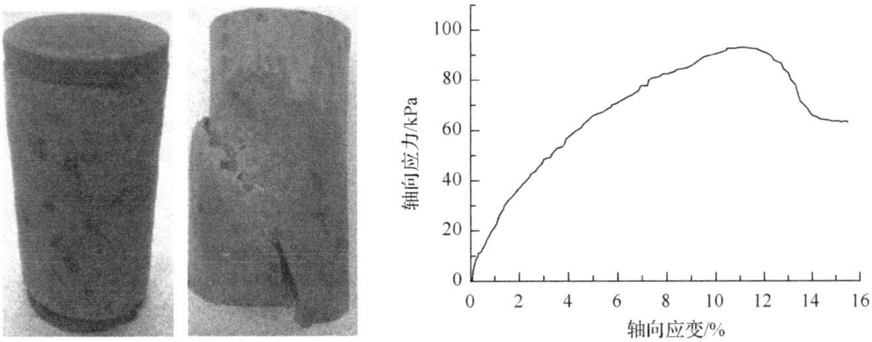

轴向应力/kPa

轴向应变/%

实验前　　实验后　　应力-应变关系曲线

(e) 黏土

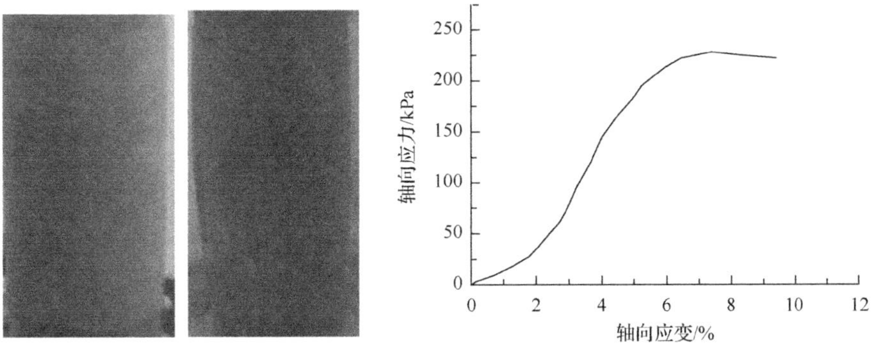

轴向应力/kPa

轴向应变/%

实验前　　实验后　　应力-应变关系曲线

(f) 压实粉土

图5.5　原位岩土体单轴试验典型实验曲线

2. 原位岩土体三轴试验典型实验曲线(图5.6)

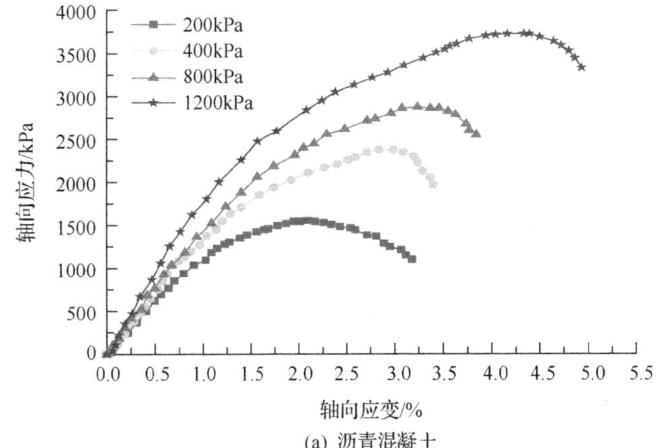

(a) 沥青混凝土

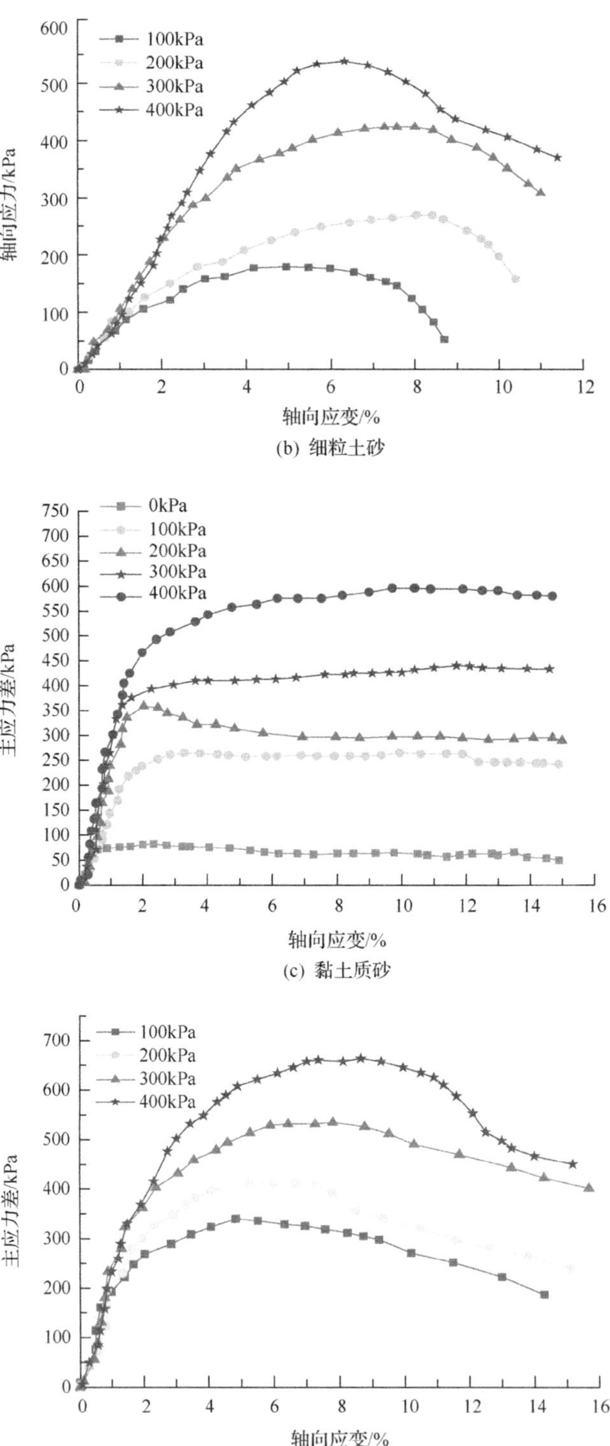

(b) 细粒土砂

(c) 黏土质砂

(d) 粉土质砂

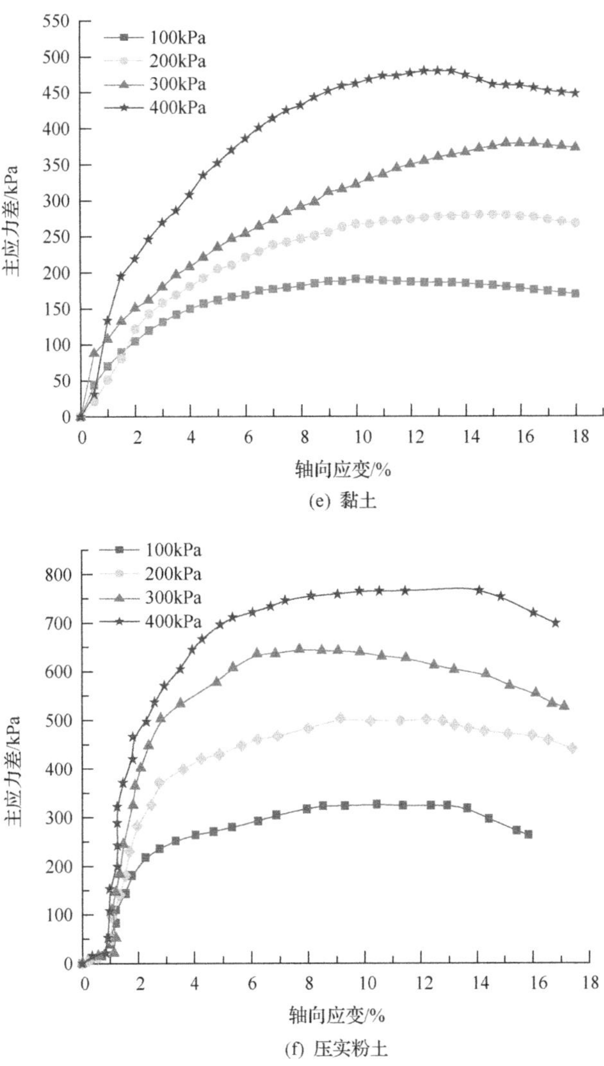

(e) 黏土

(f) 压实粉土

图 5.6　原位岩土体三轴试验典型曲线

5.1.4　原位岩土体参数统计

原位岩土体强度参数统计如表 5.1 所示。

表 5.1　原位岩土体强度参数统计表

材料类型	取样深度/cm	含水率/%	天然密度/(g/cm³)	单轴抗压强度/kPa	黏聚力 c/kPa	内摩擦角/(°)	承载力/kPa
沥青混凝土	20.5～35	—	2.25	1670	299.00	31.34	71
	5～15	—	2.30	1580	354.58	35.70	391
	3～13	—	2.27	1470	285.70	25.74	377

续表

材料类型	取样深度/cm	含水率/%	天然密度/(g/cm³)	单轴抗压强度/kPa	黏聚力 c/kPa	内摩擦角/(°)	承载力/kPa
细粒土砂	94～105	7.75	1.76	90.0	13.65	41.63	441
黏土质砂	60～72	12.67	1.82	74.9	28.17	48.53	299
粉土质砂	65～85	9.45	1.67	233.0	77.97	22.40	327
压实粉土	35～55	10.60	1.74	228.0	47.84	24.30	62
黏土	122～135	13.85	1.75	93.0	31.41	19.23	194

5.2　原状岩土原位微探测试

5.2.1　原状岩土体微探结果

进行岩土体原位微损触探测试时，随探获取岩土体的微探动态响应量，得到岩土体原位微探测试结果(图 5.7～图 5.11)。

1. 1#测点微探结果

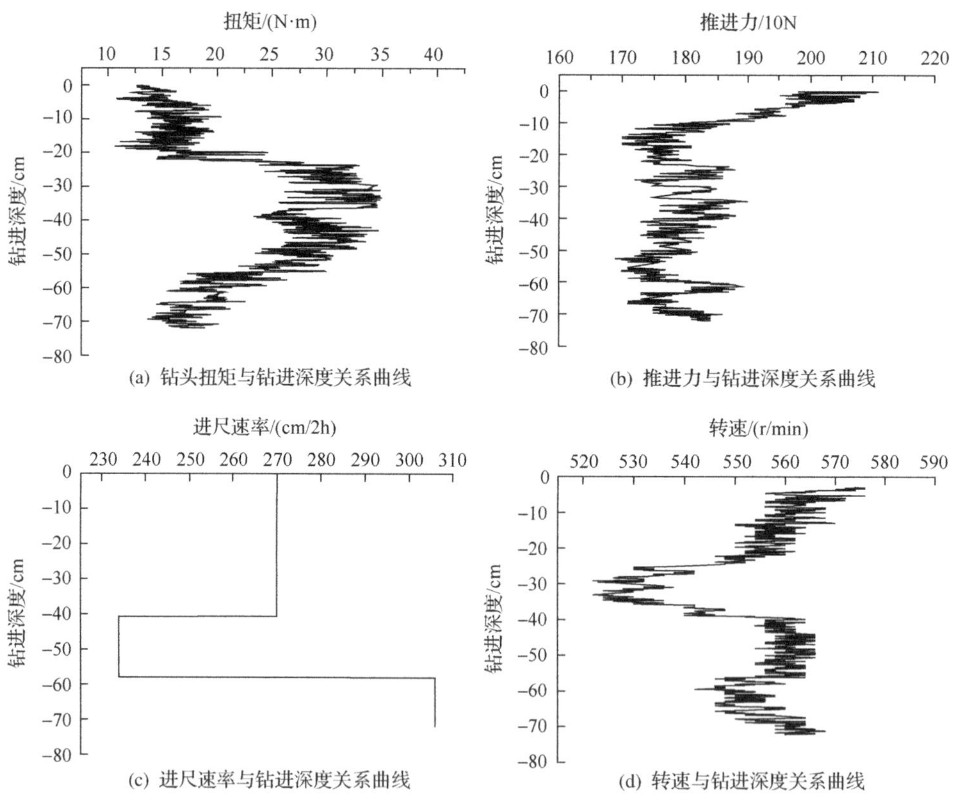

(a) 钻头扭矩与钻进深度关系曲线　(b) 推进力与钻进深度关系曲线

(c) 进尺速率与钻进深度关系曲线　(d) 转速与钻进深度关系曲线

图 5.7　1#测点微损旋压触探结果

2. 2#测点微探结果(图 5.8)

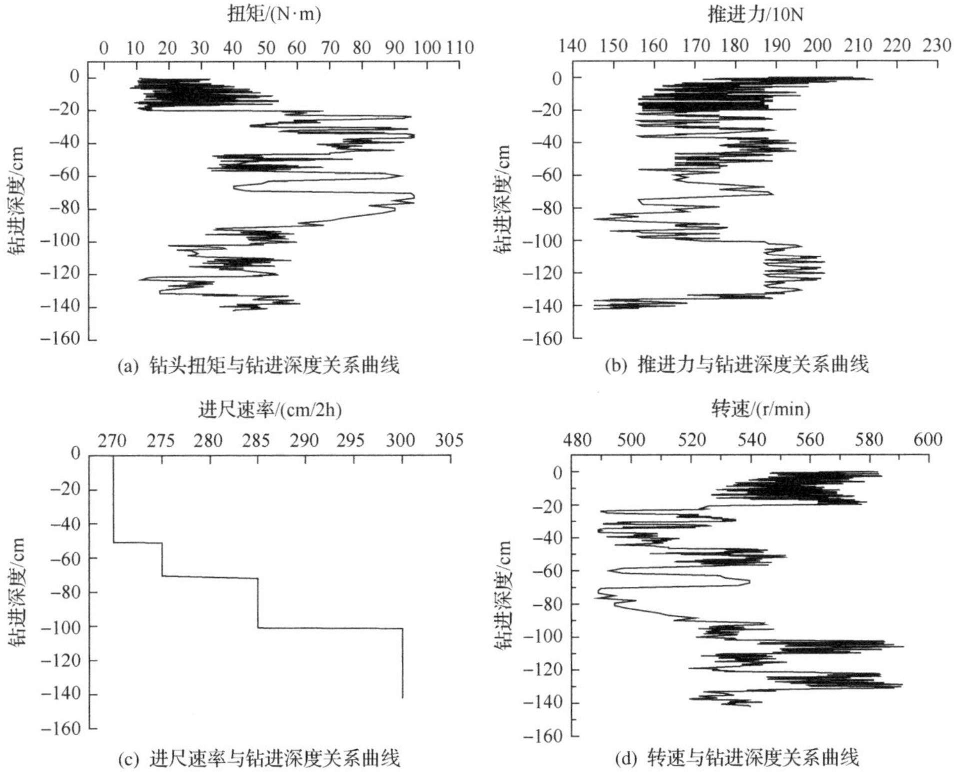

(a) 钻头扭矩与钻进深度关系曲线

(b) 推进力与钻进深度关系曲线

(c) 进尺速率与钻进深度关系曲线

(d) 转速与钻进深度关系曲线

图 5.8　2#测点微损旋压触探结果

3. 3#测点微探结果(图 5.9)

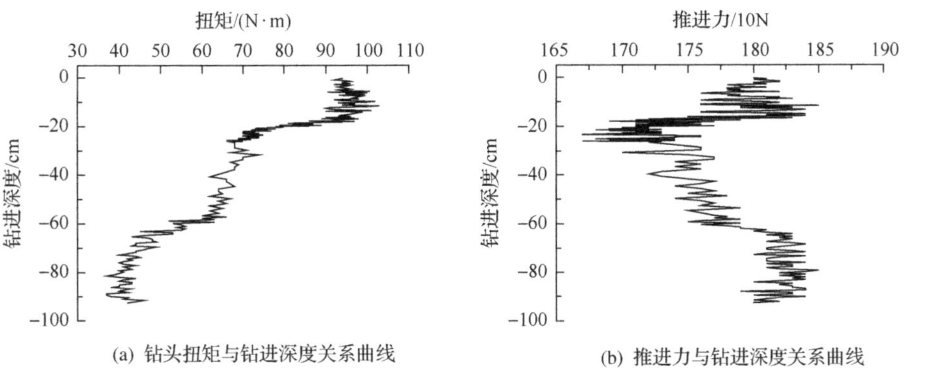

(a) 钻头扭矩与钻进深度关系曲线

(b) 推进力与钻进深度关系曲线

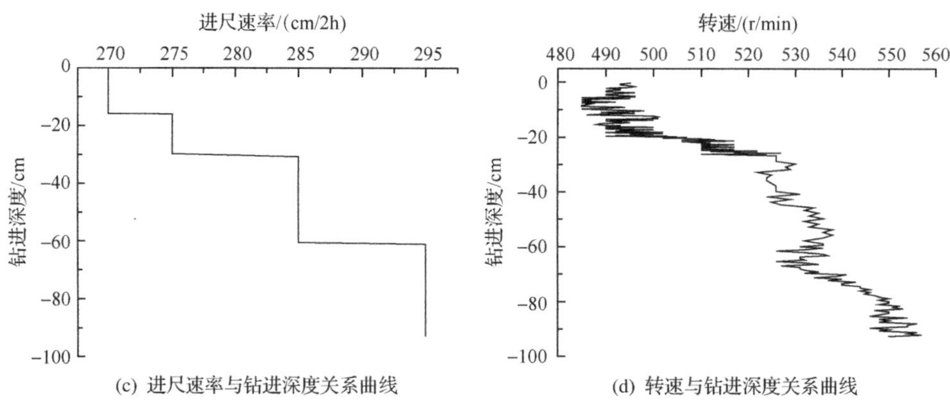

(c) 进尺速率与钻进深度关系曲线　　(d) 转速与钻进深度关系曲线

图 5.9　3#测点微损旋压触探结果

4. 4#测点微探结果(图 5.10)

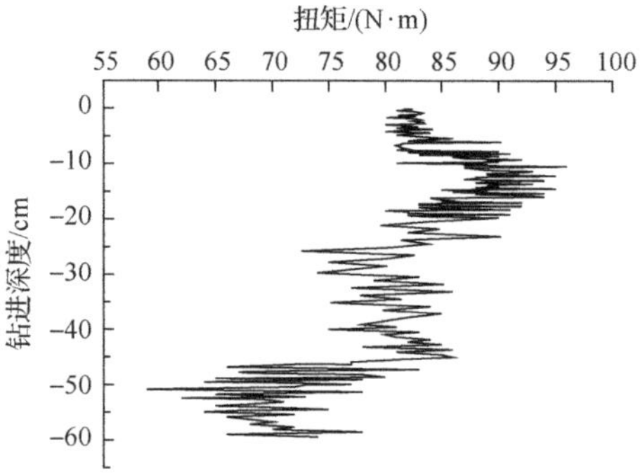

扭矩/(N·m)

推进力/10N

(a) 钻头扭矩与钻进深度关系曲线 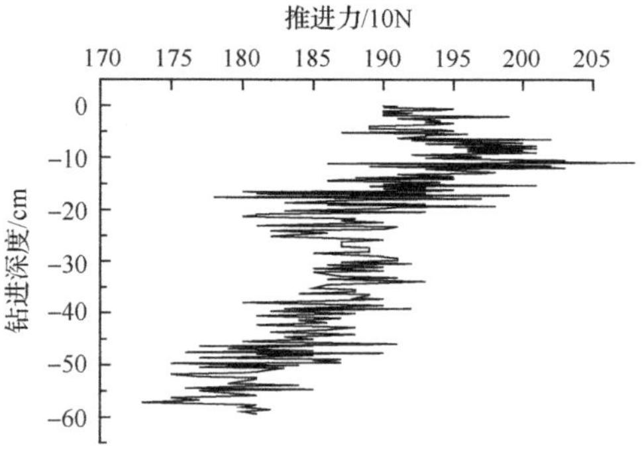　　(b) 推进力与钻进深度关系曲线

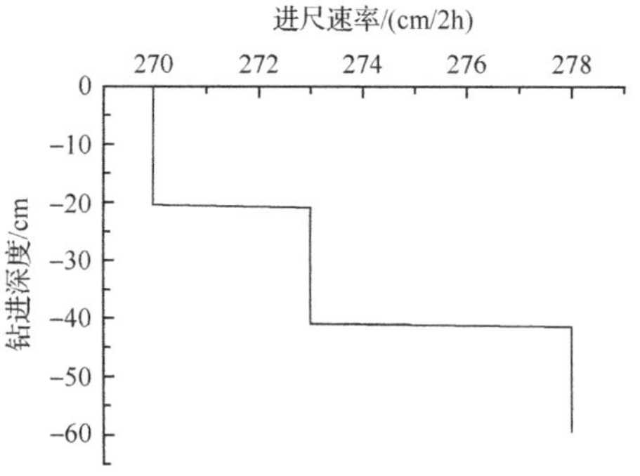

进尺速率/(cm/2h)

转速/(r/min)

(c) 进尺速率与钻进深度关系曲线 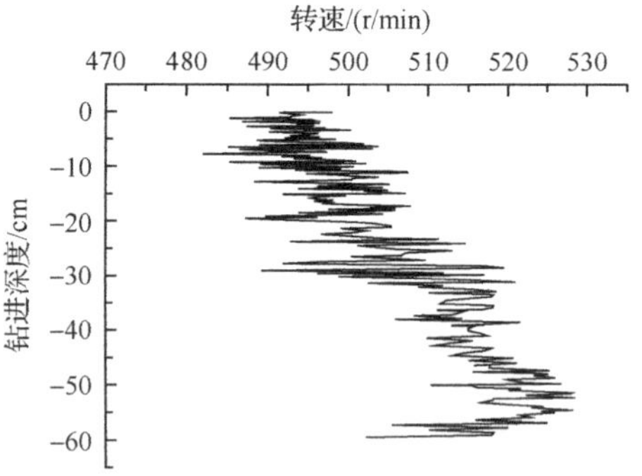　　(d) 转速与钻进深度关系曲线

图 5.10　4#测点微损旋压触探结果

5. 5#测点微探结果(图 5.11)

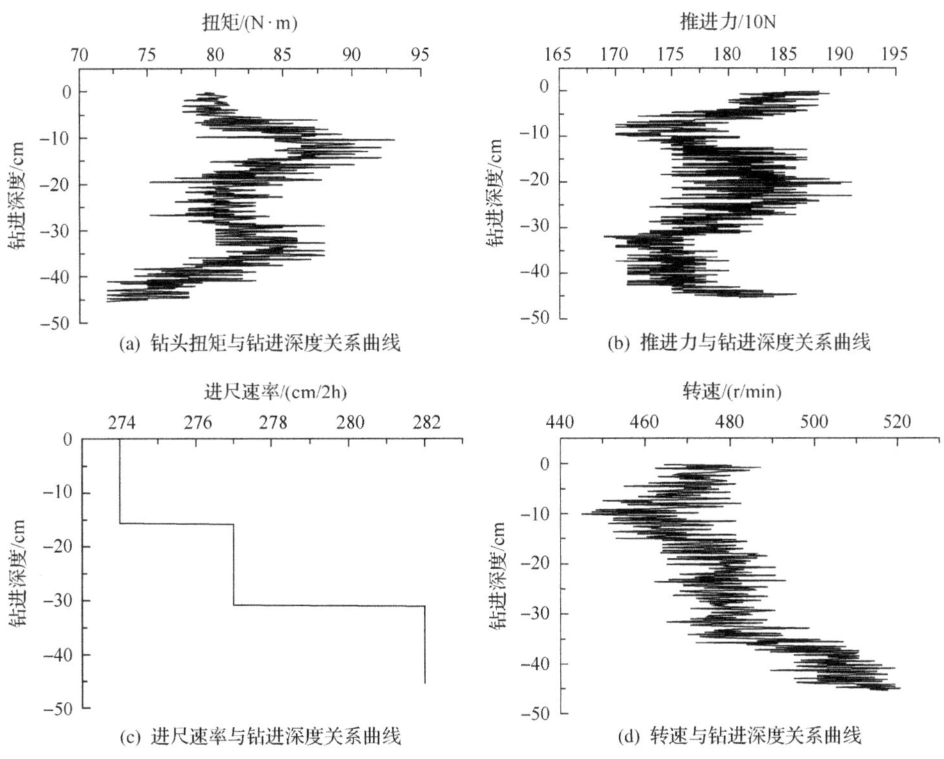

(a) 钻头扭矩与钻进深度关系曲线　(b) 推进力与钻进深度关系曲线

(c) 进尺速率与钻进深度关系曲线　(d) 转速与钻进深度关系曲线

图 5.11　5#测点微损旋压触探结果

5.2.2　原状岩土体微探参数统计

原状岩土体微探参数如表 5.2 所示。

表 5.2　原状岩土体微探参数统计表

扭矩/(N·m)	推进力/10N	进尺速率/(cm/2h)	转速/(r/min)
16	183	540	560
86	193	540	468
83	181	548	468
97	197	540	491
66	172	540	517
72	166	570	536
14	182	594	547
43	189	590	545
66	178	570	532
44	193	600	554

5.3　原状岩土微探定量标定

采用数据分析拟合软件 Origin8.0 对原位芯样力学参量和钻进响应量(扭矩、推进力、进尺速率、转速)之间的相关关系进行了回归分析。使用线性回归分析和多项式回归分析方法分析了岩土体单一微探响应量与力学参数之间相关关系，得到对应数学表达式，在此基础上，利用多元线性回归分析方法分析了岩土体微探四参量与力学参量之间的相关关系，得到四参量与力学参量之间的线性拟合公式，为利用钻进响应量反演力学参量提供科学依据。

5.3.1　原状岩土体微探单一响应量与力学参量相关关系

1. 扭矩与黏聚力、内摩擦角、单轴抗压强度相关关系回归分析

采用线性回归分析方法分析了扭矩与黏聚力、单轴抗压强度的相关关系，得到其拟合公式分别为 $y=-9.60702x+0.12816x^2+170.76934$ 和 $y=-35.69102x+0.55038x^2+536.7247$，决定校正系数分别为 0.57601 和 0.87487；使用线性回归分析方法分析了扭矩与内摩擦角间的相关关系，得到其拟合公式为 $y=0.3623x+1.6959$，决定校正系数为 0.72227。由于三个拟合公式的决定校正系数均大于 0.5，故可认为扭矩与黏聚力、内摩擦角、单轴抗压强度线性相关。分析结果如图 5.12 至图 5.14 所示。

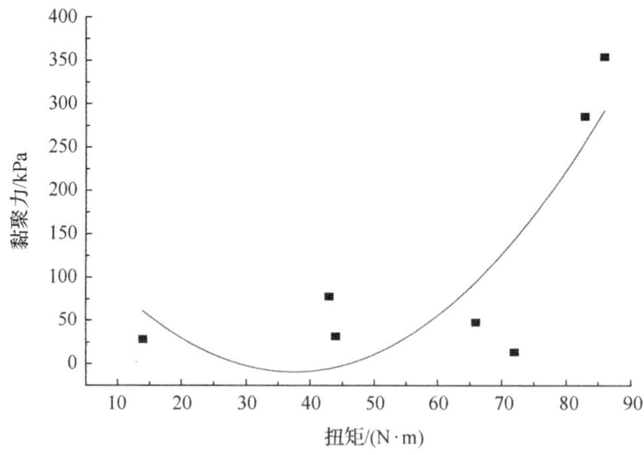

图 5.12　扭矩与黏聚力多项式回归分析结果

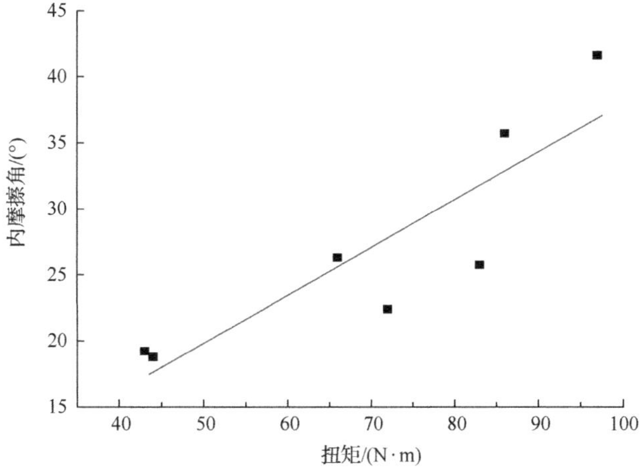

图 5.13　扭矩与内摩擦角线性回归分析结果

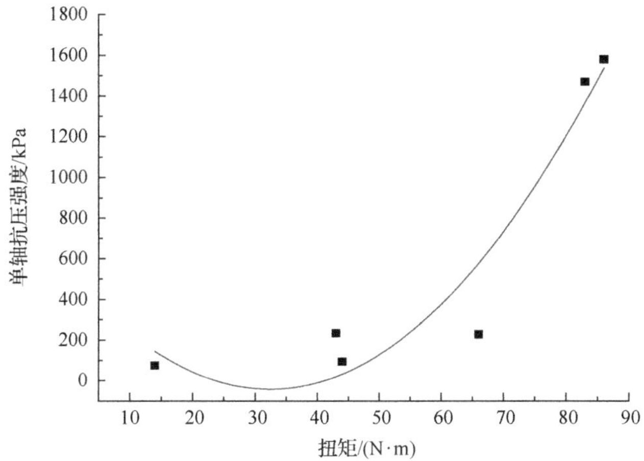

图 5.14　扭矩与单轴抗压强度多项式拟合分析结果

2. 进尺速率与黏聚力、内摩擦角、单轴抗压强度相关关系回归分析

采用线性回归分析方法分析了进尺速率与黏聚力、内摩擦角的相关关系，得到其拟合公式分别为 $y=-215.57151x+0.18443x^2+63006.68$ 和 $y=-8.8166x+0.00749x^2+2615.20713$，决定校正系数分别为 0.88002 和 0.62464；使用线性回归分析方法分析了进尺速率与单轴抗压强度间的相关关系，得到其拟合公式为 $y=-27.73447x+16460.77$，决定校正系数为 0.79436。由于三个拟合公式的决定校正系数均大于 0.5，故也可以认为进尺速率与黏聚力、内摩擦角、单轴抗压强度线性相关。分析结果如图 5.15～图 5.17 所示。

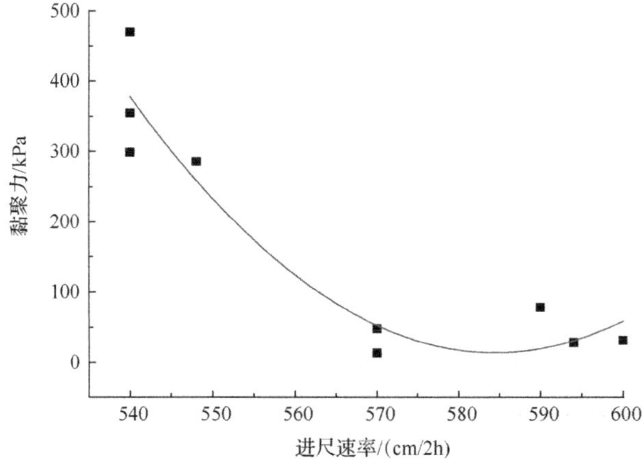

图 5.15　进尺速率与黏聚力分析

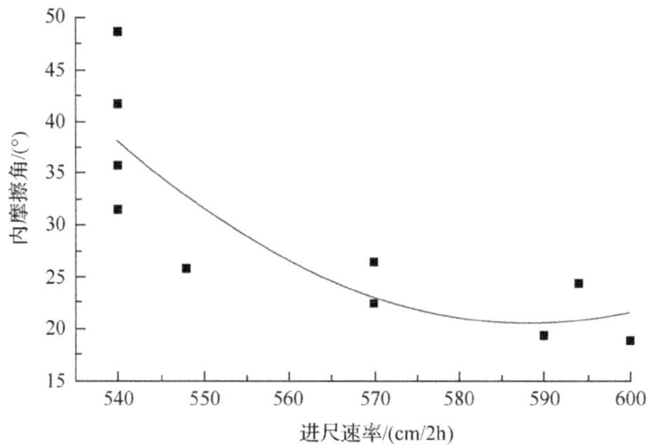

图 5.16　进尺速率与黏聚力多项式回归分析

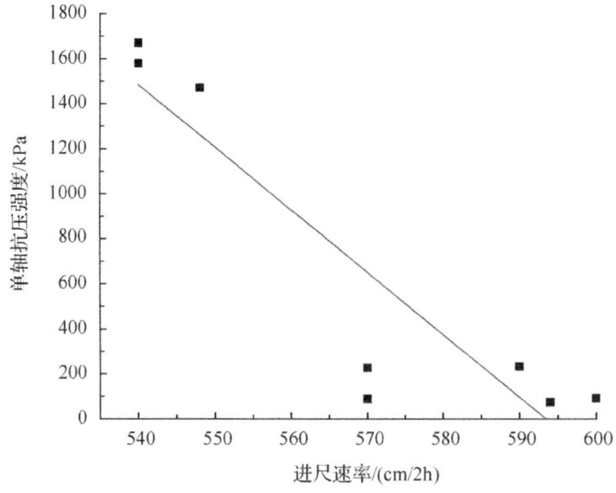

图 5.17　进尺速率与单轴抗压强度线性回归分析结果

3. 转速与黏聚力、内摩擦角、单轴抗压强度相关关系回归分析

采用线性回归分析方法分析转速与黏聚力、内摩擦角、单轴抗压强度的相关关系，得到其拟合公式分别为 $y=-0.25565x+552.081$、$y=-0.45x+268.02$、$y=-27.73447x+16460.77$，决定校正系数分别为 0.90551、0.63679、0.79436；由于三个拟合公式的决定校正系数均大于 0.5，可认为转速与黏聚力、内摩擦角、单轴抗压强度线性相关。各相关关系分析结果如图 5.18～图 5.20 所示。

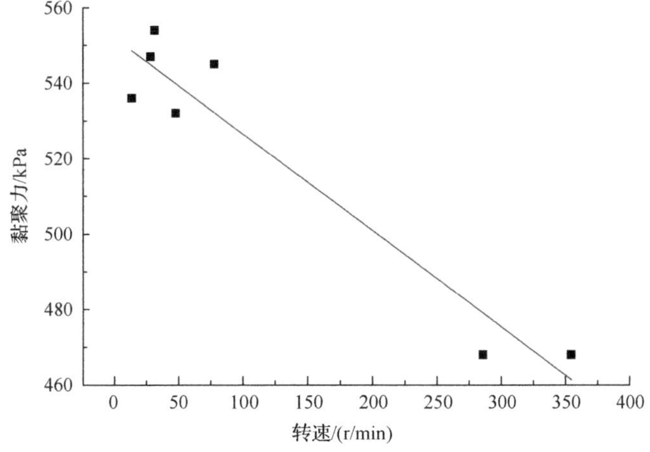

图 5.18　转速与黏聚力线性回归分析结果

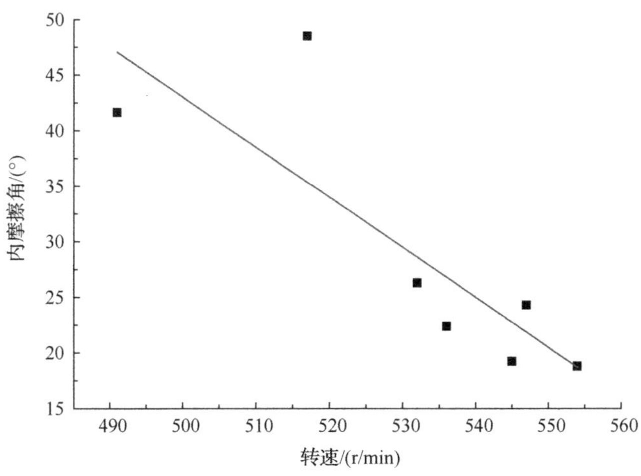

图 5.19　转速与内摩擦角线性回归分析结果

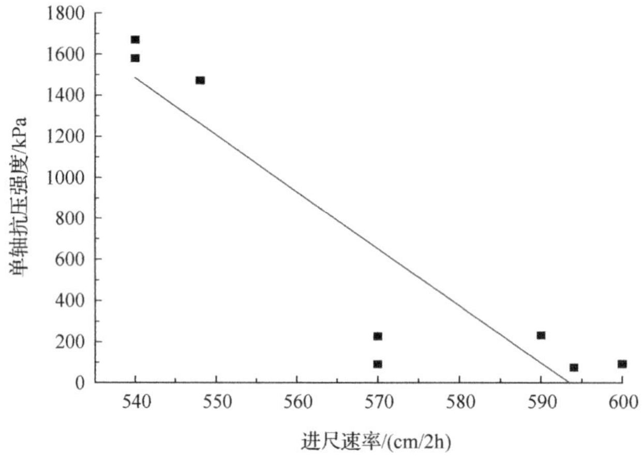

图 5.20　转速与单轴抗压强度线性回归分析结果

4. 推进力与内摩擦角相关关系回归分析

采用线性回归分析方法分析推进力与内摩擦角间的相关关系，得到的拟合公式为 y=0.59836x–78.262，其决定校正系数为 0.93094，说明推进力与内摩擦角高度线性相关(图 5.21)。

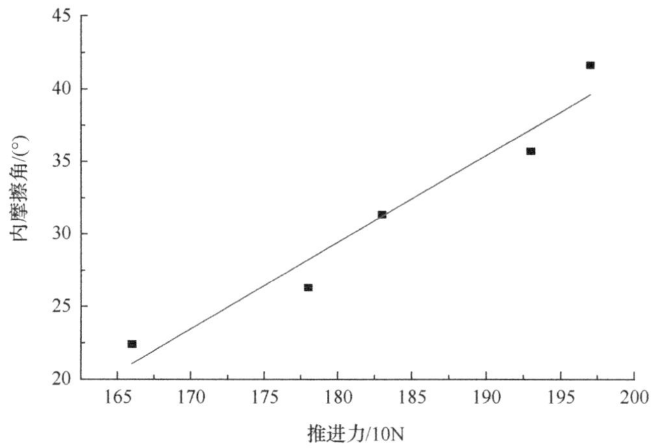

图 5.21　推进力与内摩擦角线性回归分析结果

以上回归分析结果显示单一的钻进参量与力学参量之间均存在线性关系，故可进行钻进四参量与力学参量间的多元线性回归分析。

5.3.2　原状岩土体微探四响应量与力学参量相关关系

1. 扭矩、推进力、进尺速率、转速与黏聚力相关关系多元线性回归分析

通过多元线性回归分析得出扭矩、推进力、进尺速率、转速与黏聚力之间的多元线性关系拟合公式为

$$y = -11.01448x_1 + 1.75811x_2 - 11.32332x_3 - 1.82336x_4 + 7932.8237 \tag{5.1}$$

式中，y 为黏聚力，kPa；x_1 为扭矩，N·m；x_2 为推进力，10N；x_3 为进尺速率，cm/2h；x_4 为转速，r/min。经检验，拟合公式的决定校正系数为 0.9024，Prob>F 的值为 0.0641 其值小于 0.95，故本次多元线性回归分析结果可靠。

本次多元线性回归分析使用的数据及拟合公式计算得到的黏聚力值如表 5.3 所示。

表 5.3　多元线性回归所用数据及拟合结果

材料类型	扭矩/(N·m)	推进力/10N	进尺速率/(cm/2h)	转速/(r/min)	黏聚力 C/kPa	
					实测值	拟合值
沥青混凝土	86	193	540	468	354.58	356.96751
水泥稳定碎石	66	172	540	517	470	450.99189
细粒土砂	72	166	570	536	13.65	12.1282
粉土质砂	43	189	590	545	77.97	76.99284
压实粉土	66	178	570	532	47.84	44.49056
黏土	44	193	600	554	31.41	26.63266

2. 扭矩、推进力、进尺速率、转速与内摩擦角相关关系多元线性回归分析

通过多元线性回归分析得出扭矩、推进力、进尺速率、转速与内摩擦角之间的多元线性关系拟合公式为

$$y = -0.19458x_1 + 0.38053x_2 - 0.91806x_3 - 0.31468x_4 + 328.09727 \tag{5.2}$$

式中，y 为内摩擦角，(°)；x_1 为扭矩，N·m；x_2 为推进力，10N；x_3 为进尺速率，cm/2h；x_4 为转速，r/min。经检验，拟合公式的决定校正系数为 0.9432，Prob>F 的值为 0.0375 其值小于 0.95，说明本次多元线性回归分析结果可信。本次多元线性回归分析使用的数据及拟合公式计算得到的内摩擦角值如表 5.4 所示。

表 5.4　多元线性回归使用数据及拟合结果

材料类型	扭矩/(N·m)	推进力/10N	进尺速率/(cm/2h)	转速/(r/min)	内摩擦角/(°)	
					实测值	拟合值
沥青混凝土	83	181	548	468	25.74	25.00068
细粒土砂	72	166	570	536	22.40	22.63432
粉土质砂	43	189	590	545	19.23	21.50048
压实粉土	66	178	570	532	26.31	27.10947
黏土	44	193	600	554	18.79	16.47962

3. 扭矩、推进力、进尺速率、转速与单轴抗压强度相关关系多元线性回归分析

通过多元线性回归分析得出扭矩、推进力、进尺速率、转速与单轴抗压强度之间的多元线性关系拟合公式为

$$y = -2.76469x_1 + 9.09362x_2 + 2.32886x_3 - 20.05443x_4 + 8174.8624 \tag{5.3}$$

式中，y 为单轴抗压强度，kPa；x_1 为扭矩，N·m；x_2 为推进力，10N；x_3 为进尺速率，cm/2h；x_4 为转速，r/min。经检验，拟合公式的决定校正系数高达 0.99398，Prob>F 的值为 0.05202 小于 0.95，说明本次多元线性回归分析结果可信。本次多元线性回归分析使用的数据及拟合公式计算得到的单轴抗压强度如表 5.5 所示。

表 5.5　多元线性回归所用数据及拟合结果

材料类型	扭矩/(N·m)	推进力/10N	进尺速率/(cm/2h)	转速/(r/min)	单轴抗压强度/kPa	
					实测值	拟合值
沥青混凝土	83	181	548	468	1470	1482.07802
细粒土砂	72	166	570	536	90.0	93.61865
粉土质砂	43	189	590	545	233.0	229.03517
压实粉土	66	178	570	532	228.0	219.54797
黏土	44	193	600	554	93.0	95.44365

第 6 章　地下工程险源原位预测研究

本章介绍了岩土工程灾害原位分析方法、岩土体强度损伤评价标准、岩土工程灾害原位预测流程，为岩土工程灾害原位预测提供了重要手段，具有重要的理论价值和应用价值。

6.1　岩土体强度原位分析方法

利用高精雷达快速获取检测区域高分辨率雷达图谱，通过雷达图谱初步判定病害类型和发育程度，划定钻孔区域，使用岩土工程灾害原位微损触探装置对疑似病害区域岩土体进行随钻测量，得到岩土体钻测参量(扭矩、推进力、进尺速率、转速)与钻进深度关系图谱，基于钻进参数与物性(含水率、压实度、密实度等)力性参数(承载力、无侧限抗压强度、黏聚力、内摩擦角等)定量关系，反演岩土体物性力性参数，解译后随钻生成岩土体物性力性图谱(硬度图谱)，判断土体物性力性状态，进一步，采用数字式全孔摄像仪对获取钻孔孔壁及孔内岩土体细观物性图像(不同深度位置孔内土体及孔壁形貌剖面图、全孔壁形貌展开图、全孔壁形貌柱状图)判定病害深度、地层分层临界深度以及岩土体病害类型，最后，借助雷达反射、同孔扫描、钻进测试，量绘定性-半定量-定量多维综合图谱及随钻同孔测量物性、力性指标，一孔多源信息综合评定岩土体病害类型、病害等级，进一步，提出处治意见，提供具体处置方法，完成岩土体病害多源信息融合快速精细评判[43, 91]。

6.1.1　地下工程雷达普查

采用探地雷达法探测岩土工程灾害时宜采用剖面法观测方式；如需求取地下介质的电磁波传播速度时，可采用宽角法；当深部数据的信噪比较低，不能满足探测需要时，可采用共深度点法。

1. 探地雷达法的相关规定

应用探地雷达法时应满足下列规定：

(1) 被探测对象与周围介质存在足够的电性差异，功率反射系数宜大于 0.01。

(2) 测区内不应存在大范围金属构件或较强的电磁干扰。

(3) 系统增益不小于 150dB。

(4) 信噪比不小于 110dB，动态范围不小于 120dB。

(5) 应具有实时显示、增益控制、信号叠加、实时滤波、点测和连续测量、位置标记等功能。

(6) 计时误差不应大于 1.0ns。

(7) 最小采样间隔应达到 0.5ns，A/D 转换位数不小于 16bit。

(8) 工作温度–20～40℃。

(9) 宜具备多通道采集功能。

(10) 宜具备测距功能。

其中，功率反射系数 P_r 的计算公式为

$$P_r = \left(\frac{\varepsilon_{r1} - \varepsilon_{r2}}{\varepsilon_{r1} + \varepsilon_{r2}} \right)^2 \tag{6.1}$$

式中，ε_{r1} 为周围介质相对介电常数；ε_{r2} 为被探测对象相对介电常数。

2. 天线选择

根据探测深度和精度、地下病害规模、环境干扰、探测方式等条件选择天线，应符合下列规定：

(1) 地面探测时宜选择频率为 80～400MHz 的屏蔽天线，当多种频率的天线均能满足探测深度要求时，宜选择频率相对较高的天线。

(2) 不同探测深度下探地雷达天线可参考表 6.1 选择。

表 6.1　探地雷达天线选择

探测深度/m	天线主频/MHz
2.0～5.0	80～200
0.0～3.0	200～400

(3) 当电磁干扰不明显且探测深度较大时，可选择非屏蔽低频天线。

其中，探地雷达法的垂向分辨率宜取探地雷达电磁波波长的 1/4，电磁波在介质中传播的波长宜按下式计算：

$$\lambda = 1000 \frac{C}{f\sqrt{\varepsilon_r}} \tag{6.2}$$

式中，C 为电磁波在空气中的传播速度，m/ns，可取 0.3m / ns；f 为天线主频，MHz；ε_r 为介质的相对介电常数。

(4) 考虑到探测环境的复杂性，实际测试时并不能对理论垂向分辨率大小的目标进行分辨，以地下介质相对介电常数 ε_r =9 为例，不同天线的垂向分辨率见表 6.2。

表 6.2　不同天线的垂向分辨率参考表

天线主频/MHz	垂向分辨率/m
100	0.50
200	0.25
400	0.13

其中，横向分辨率 x' 宜按下式计算：

$$x' = \sqrt{\frac{\lambda h}{2} + \frac{\lambda^2}{16}} \tag{6.3}$$

式中，λ 为电磁波波长，m；h 为目标体埋深，m。

以介质相对介电常数 $\varepsilon_r = 9$ 为例，不同天线在不同深度横向分辨能力见表 6.3。

表 6.3　不同天线在不同深度的横向分辨率参考表

深度/m	天线主频/MHz		
	100	200	400
1.0	0.75	0.52	0.36
2.0	1.03	0.72	0.50
3.0	1.25	0.88	0.62
4.0	1.44	1.01	—
5.0	1.60	—	—

3. 雷达测线布设

测线的布设应符合下列要求：

(1) 测线间距宜根据采用的天线主频确定，普查时宜取 2.0～4.0m，详查时宜取 1.0～2.0m，当采用 200～400MHz 天线时宜取小值。

(2) 路口、管线密集区、历史塌陷区和明显变形区等重点区域及普查中确定的重点异常区宜采用网格状布设，不具备网格状布设条件时，可布置加密测线。

(3) 考虑探测目标的规模、天线自身的影响宽度等因素，天线主频越高，其测线间距应越小。

4. 探测要求

(1) 测试之前应选择测区内有代表性的位置进行有效性试验，确定合适的观测系统和采集参数。

(2) 记录时窗宜根据最大探测深度和地层介质的电磁波传播速度综合确定，按下式计算。

$$T = K\frac{2d_{\max}}{v} \tag{6.4}$$

式中，T 为记录时窗，ns；K 为加权系数，宜取 1.3～1.5；d_{max} 为最大要求探测深度，m；v 为地层介质中的综合电磁波速度，m/ns。

(3) 信号的增益宜保持信号幅值不超出信号监视窗口的 $\frac{3}{4}$。

(4) 采样率应不低于所采用天线主频的 20 倍。

(5) 普查时道间距不宜大于 5.0cm，详查时道间距不宜大于 2.5cm。

(6) 可采用叠加采集的方式提高信号的信噪比。

5. 现场数据采集要求

现场数据采集应符合下列规定：

(1) 如采用测量轮测距，测试前应对测量轮进行标定。

(2) 数据采集过程中应根据干扰情况、图像效果及时调整采集参数。

(3) 天线的移动速率应均匀并与仪器的扫描率相匹配，并应满足数据剖面的水平分辨率。

(4) 连续采集时，80～150MHz 天线移动速率不宜大于 10km/h，200～400MHz 天线移动速率不宜大于 20km/h。

(5) 点测时，应在天线静止时采样。

(6) 使用分离式天线时，应选取合理的天线间距，以增强目标体的反射信号强度。

(7) 采用测量轮触发采集时，测量轮自动标记的距离不宜大于 5m。

(8) 应及时记录信号异常的位置和相关信息，分析异常原因。

(9) 及时记录各类干扰源及地面变形、积水等周边环境情况。

(10) 发现疑似病害时，宜在相应位置做好标记，并采用多种天线重复观测进行复核。

6. 现场采集数据质量检查和评价规定

现场采集数据质量检查和评价应满足下列规定：

(1) 测试数据的信噪比应满足数据处理、解释的需要。

(2) 重复观测的数据与原数据记录的一致性良好。

(3) 记录信息应完整，且与数据记录保持一致。

(4) 数据信号削波部分不超过全剖面的 5%。

(5) 数据剖面上不应出现连续的坏道。

(6) 数据剖面上应能分辨出路面基层的反射信号。

根据数据质量及解释要求，可参考图 6.1 确定数据处理方法和步骤，探地雷达的资料解释流程可参考图 6.2。

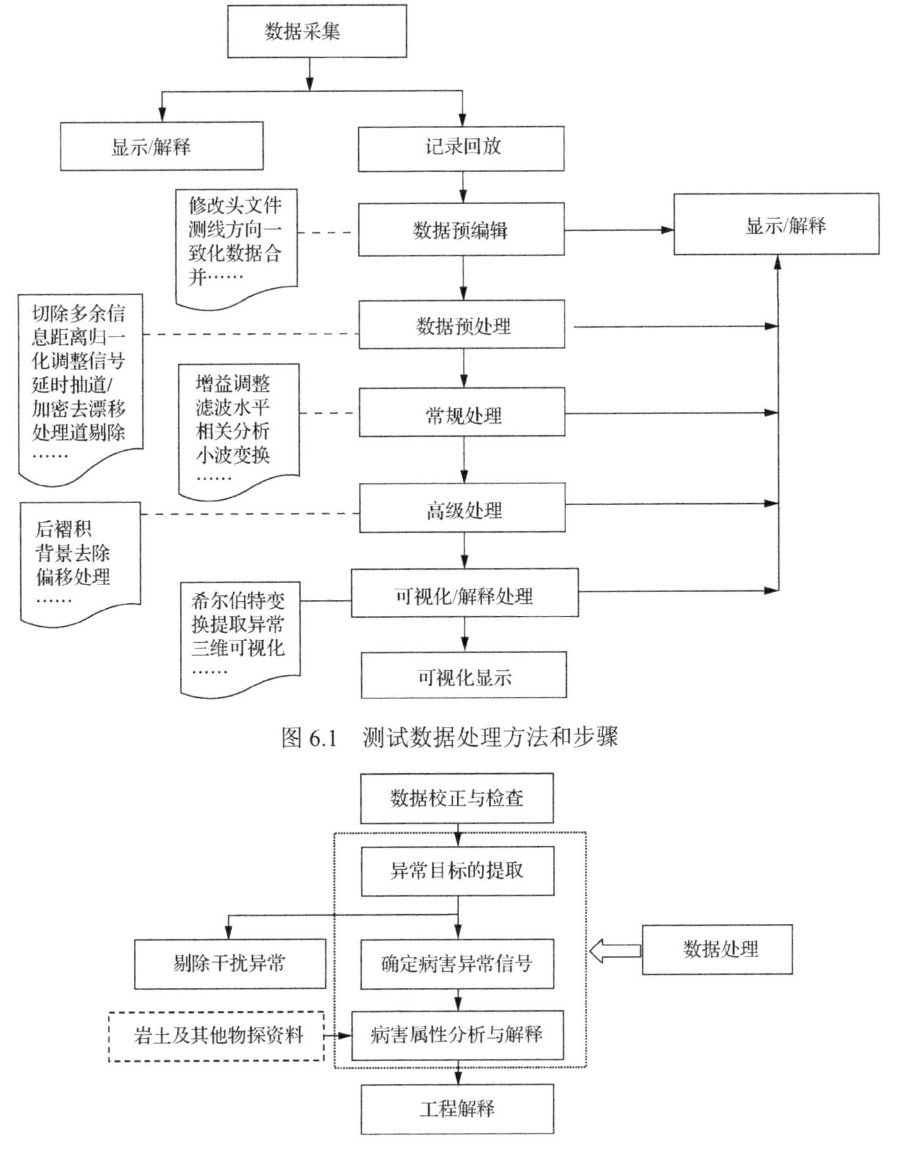

图 6.1　测试数据处理方法和步骤

图 6.2　探地雷达探测地下病害解释流程

6.1.2　岩土体细观强度旋压定量探查

1. 岩土体细观强度原位微损旋压触探原理

利用汽油机带动液压泵传给小孔钻机动力，配置相应钻头和钻杆，根据钻孔深度配连接套和延长钻杆，利用钻头钻进做功消耗机械能破碎岩土体成孔，进而在钻进过程中提取钻进时间、进尺、消耗机械功、扭矩和钻杆转速数据，做到研制设备与现有设备配套合理、工作正常、测试数据准确，形成路基密实状况小孔数字钻测装置。其测试过程如图 6.3 所示。

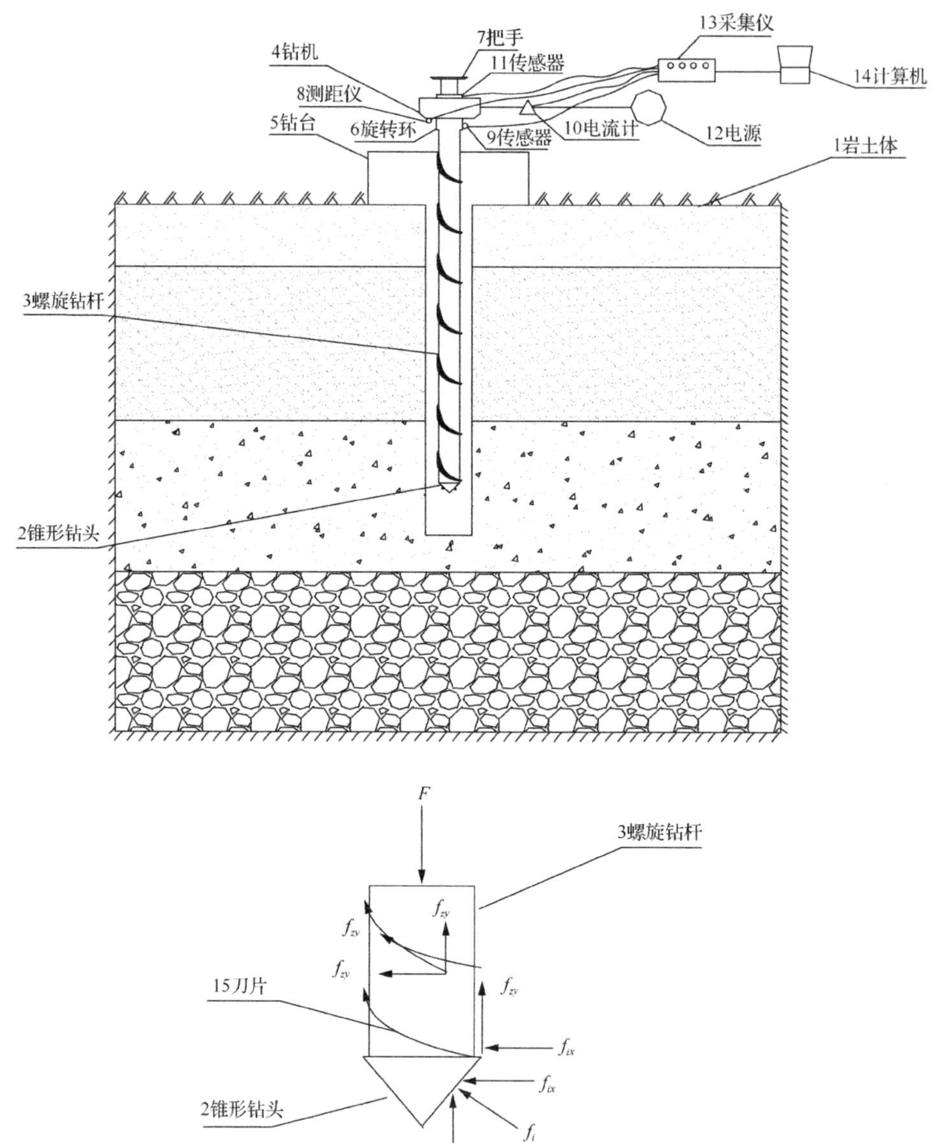

图 6.3　旋压触探原位测试岩土体强度示意图

根据钻具钻进过程受力可知，螺旋钻杆靠近钻头处安装有刀片，钻头钻进需要总扭矩为

$$M = M_1 + M_2 + M_3$$

钻头转动时需要功率为

$$Q=\frac{M\omega K}{\eta}$$

式中，M 为工作扭矩；ω 为钻杆转速；K 为功率储备系数；η 为钻机转动效率。

通过整理可得

$$Q=\frac{M\omega K}{\eta}=\left(M_1+M_2+M_3\right)\frac{\omega K}{\eta} \tag{6.5}$$

式中，M_1 为钻头工作扭矩；M_2 为刀片工作扭矩；M_3 为排送工作扭矩。若随钻过程测得确知数据，回归分析确知数据与承载力对应关系，即可确定土体承载力范围。

2. 岩土体细观强度原位测试步骤

首先将钻杆与薄壁金刚石钻头螺纹连接，钻杆另一端与光电传感器螺纹连接紧固，光电传感器另一端与液压动力头螺纹连接紧固，液压动力头在钻机架上可上下移动；接通汽油机式液压泵站和小型水泵，金刚石钻头穿过被测区域岩土体表层，形成探查孔；而后，将金刚石钻头更换为尖齿复合片钻头，接通汽油机式液压泵站，钻头旋转并匀速钻进，形成探查孔，传感器将钻进基过程中的时间、进尺、扭矩等数据实时传输至采集仪，实时数据由数据采集仪传送至微型计算机存储；根据扭矩、推进力、转速、进尺反演测定岩土体细观强度。岩土体细观强度原位测试过程见图 6.4。

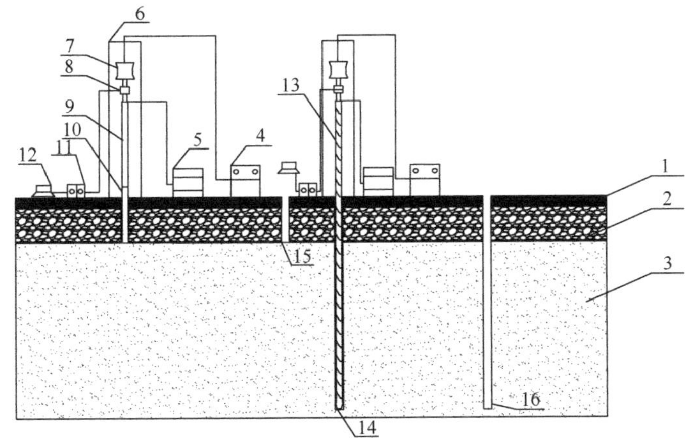

图 6.4　岩土体细观强度原位测试过程图

1 岩土体表层；2、3 坚实岩土体层；4 汽油机式液压泵站；5 小型水泵；6 钻机架；7 液压动力头；8 光电扭矩传感器；9 通用钻杆；10 薄壁金刚石钻头；11 数据采集仪；12 微型计算机；13 钻杆；14 尖齿复合片钻头；15、16 微钻孔

3. 岩土体细观强度原位测试基本要求

(1) 钻孔机械要求稳定性好、钻杆直径适当、回转精度较高、钻进稳定。当钻孔位置确定后，就可在定位点进行钻孔。为了能完整地取出路面各结构层和路基不同深度的试样，应选择直径适当的钻头，测试前确定合理的钻深。

(2) 测试之前按实际情况确定微损旋压触探类型，合理选择旋转速度。旋转速度包括低速挡位和高速挡位，低速挡位最高转速为 150r/min，高速挡位最高转速为 850r/min。

(3) 测试之前应对微损旋压触探仪器进行合理选择，主要包括触探钻头类型和触探钻头型号：触探钻头类型包括牙轮钻、三翼钻头、薄壁金刚石钻头；触探钻头型号包括：直径 50mm、75mm、105mm 三种型号。钻头选型规定：强度较低地层一般选用三翼钻头，强度较高地层一般选用薄壁金刚石钻头，高等级道路探查一般选用小尺寸钻头(50mm 或 75mm)，二级及以下等级道路探查一般选用大尺寸钻头。

(4) 测试之前应形成微损旋压触探探查点布设方案，主要包括选取探查点位置，确定探查点个数，确定探查点分布，确定探查测线间距。

(5) 现场采集数据质量检查和评价应满足下列规定：测试数据应满足数据处理、解释的需要；重复观测的数据与原数据记录的一致性良好；记录信息应完整，且与数据记录保持一致。

4. 微损旋压触探动态响应参数与岩土体细观强度参数概化关系

微损旋压触探动态响应参数与岩土体细观强度参数概化关系如下：

$$D_{\mathrm{r}} = a_1 \times T + b_1 \times F_t + c_1 \times n + \varepsilon_1 \tag{6.6}$$

$$\sigma_{\mathrm{c}} = a_2 \times T + b_2 \times F_t + c_2 \times n + \varepsilon_2 \tag{6.7}$$

$$C = a_3 \times T + b_3 \times F_t + c_3 \times n + \varepsilon_3 \tag{6.8}$$

$$\varphi = a_4 \times T + b_4 \times F_t + c_4 \times n + \varepsilon_4 \tag{6.9}$$

式中，D_{r} 为密实度；σ_{c} 为单轴抗压强度；C 为黏聚力；φ 为内摩擦角；T 为扭矩；F_t 为推进力；n 为转速；a_i、b_i、c_i、为线性方程系数；ε_i 为方程修正系数。其中，黏土、砂土方程系数和修正系数可参考表 6.4。

表 6.4　黏土、砂土方程系数和修正系数参考表

黏土					
含水率/%		a_i	b_i	c_i	ε_i
5	D_r	0.082	0.165	–0.308	–42.420
	σ_c	8.508	1.359	–0.306	375.322
	C	2.868	0.852	–0.960	31.747
	φ	0.002	0.067	0.002	12.519
10	D_r	0.120	0.166	–0.170	158.780
	σ_c	11.478	–4.089	3.909	–1894.204
	C	4.350	–1.971	0.820	–338.621
	φ	0.296	0.075	0.133	102.754
15	D_r	0.153	0.021	–0.007	87.798
	σ_c	5.228	1.653	0.170	–143.628
	C	0.746	1.653	0.270	–16.020
	φ	–0.068	0.030	–0.011	35.850
砂土					
含水率/%		a_i	b_i	c_i	ε_i
5	D_r	0.427	0	0	79.427
	σ_c	2.851	0.868	0	–77.428
	C	1.005	0.325	0	–24.781
	φ	0.520	0.065	–0.002	12.519
10	D_r	–0.169	0	0	176.000
	σ_c	0	0.787	0	3.051
	C	1.107	0	0	7.508
	φ	0.26	0.075	0.013	10.754
15	D_r	0.200	0	0	190.667
	σ_c	1.522	0	0	0.706
	C	0.731	0	0	3.616
	φ	0.680	0.030	0.011	35.85

6.1.3 岩土体微观形貌全景成像详查

1. 全景成像系统工作原理

全景成像系统包括成像分析仪主机、探头、深度测深滑轮等主要部件，以及电缆架、连接电缆、充电器和 USB 转接线等。对于水平孔和倾斜孔，另配有探头居中保护装置和推杆等附件。深度测深滑轮用来记录探头在钻孔内行进的深度；探头分有源和无源两种。有源探头内置 6V 可充电镍氢电池和充放电保护电路。无源探头内无镍氢电池组，电源通过主机供电。探头内置 LED 白光二极管和摄像机，用来摄取孔壁图像。探头内置高性能三维电子罗盘，用来测量探头所在位置的钻孔方位角和倾角。探头内的视频信号、控制信号和罗盘数字信号通过电缆传到主机，主机接收探头信号和测深滑轮的深度脉冲信号，计算探头所在的深度位置，并对视频信号进行图像录像、匹配拼接等处理。录像可全程录像，也可以局部录像。录像与图像匹配拼接可以同步进行，也可以单独进行。随着探头不断往孔内行进，系统自动匹配拼接成一幅完整的孔壁平面展开图。

2. 岩土体原位全景成像主要作用

(1) 钻孔孔内光学细观成像，孔内录像，关键部位抓拍图片等。
(2) 测量钻孔在空间的轨迹和钻孔的实际深度。
(3) 从成像平面图上量测地层或各种构造的厚度、宽度、走向、倾向和倾角等。
(4) 区分地质结构体，观测和定量分析裂隙产状及发育情况。
(5) 观测含水断层、溶沟溶洞、含水层出水口位置等。

3. 岩土体原位全景成像探测基本要求

(1) 探测孔孔径要大于探测头直径，一般不应小于 40mm。
(2) 钻孔应保证合理掌握钻进压力，尽量保持平直，避免出现台阶孔。
(3) 打孔后，用高压气或水将孔冲洗干净，保证孔壁上没有粉尘。
(4) 清孔完成后，待孔中水澄清或雾气消失后再进行探测，以保证检测效果。
(5) 对于垂直孔的检测，现场操作人员 2 人即可，一个人放线，一个人操作主机；对于水平孔的检测，现场操作人员至少 3 人。分别为探头操控人员 1 名，负责使用推杆将探头慢速平稳推入钻孔；线缆操控人员 1 名，负责将电缆匀速通过深度编码器；主机操控人员 1 名，负责操作主机。

4. 岩土体原位全景成像测试准备

(1) 测试前资料收集。在测试前需要进行资料收集，收集的资料包括：①钻孔孔号、高程、坐标、深度、套管深度、变径深度、水位、孔径；②钻孔布置图和柱状图；③岩心照片或录像及钻进记录；④测试目的和待解决问题。

(2) 测试设备。探测需要准备的设备包括：①笔记本电脑、MP4 视频采集器、蓄电池、视频连接线黄色接口、接线板、记录纸；②带电缆线的绞车、摇把、起子、探头和探头专用扳手；③控制箱、外接电源线(12V)，带深度脉冲器的井口支架、全景探头信号线，深度信号线。

5. 岩土体原位全景成像测试步骤

(1) 平整场地，安放绞车，使电缆通过深度测量轮后位于孔口正上方，确保探头垂直居中进入钻孔。

(2) 根据需要选择探头，使用工具安装好(注意：安装探头必须检查密封圈，老式探头则要安装密封胶带)。

(3) 依次连接控制箱和绞车的信号线(四芯或者九芯)、深度脉冲信号线(五芯)、视频信号线(黄色，由视频采集器提供)。

(4) 拨动电源箱充电/外接/供电开关，选为将供电方式。

(5) 依次按下光源开关、字符开关、深度开关。

(6) 打开摄像机，开始监视(根据需要开启液晶屏)。

(7) 使用摇把慢速挡，将电缆线匀速放下，保证探头下降速度最好不超过 20mm/s。

(8) 电缆放至测试开始深度，按下视频录制键，开始记录信号。

(9) 使用视频采集器或者笔记本电脑监视钻孔内情况，当电缆线上深度标记经过参考点(建议选择深度脉冲器转轮上最高点时)，逐一记录视频监视屏右上角的此时的数值并简要记录此段钻孔内情况。

(10) 电缆下到测试终止深度，停止视频采集器，并依次按下深度开关、字符开关、光源开关关闭设备。

(11) 依次拆除视频信号线、深度脉冲信号线、探头信号线、电源线。

(12) 使用快速挡反向摇动摇把，将电缆线提起。

(13) 检查探头状况，清洁后拆下探头并装箱，检点仪器后撤场，进行资料分析。

6. 岩土体原位全景成像测试过程监视任务

全景成像测试过程主要的监视任务包括以下内容：

(1) 保证探头安全。

(2) 保证测试质量，保证测试速度不得超过 72m/h。

(3) 简要记录测试情况。记录深度标记经过参考点时摄像机监视屏上对应的测试深度值。

(4) 要做好现场笔录，包括钻孔孔号、深度、直径(有无变径、变径处深度)、岩心状况(最好拍摄照片，以备后查)、土和岩层的分界面、钻进过程(是否顺利，有无堵孔和卡钻情况)，有无漏水情况等以及大致的破碎地带深度及电缆深度标记到参考点时对应的测试深度值。

7. 岩土体原位全景图像处理

全景图像的处理主要包括以下内容：

(1) 图像的拼接与合并。

(2) 生成探查孔孔壁二维/三维细观形貌图。

(3) 岩土体性质标注(产状、倾角、裂隙宽度、对象近似面积等重要特征参数)。

6.2 岩土体强度损伤评价标准

6.2.1 地下工程损害原位定量评价

1. 雷达图谱与岩土体密实程度定性关系

雷达图谱与岩土体密实程度定性关系参照表 6.5。

表 6.5 雷达图谱与土体密实程度关系

分类	密实程度	雷达图谱
1	轻微疏松	信号能量发生变化，同相轴较不连续，波形结构比较复杂、没有一定规律可循
2	中等疏松	信号能量产生较大变化，同相轴不连续程度比轻微疏松更高，雷达图谱的波形也较为杂乱、不规则
3	严重疏松	雷达的信号能量变化大，雷达图谱显示同相轴很不连续，波形很杂乱而且不规则
4	地下空洞	雷达反射波信号能量强，但反射信号的频率、振幅、相位等改变很大，雷达图谱中反射波在下部多次出现，在边界区域也会出现绕射现象

2. 岩土体病害等级原位定量评价标准

岩土体病害等级原位定量评价可参照表 6.6。

表 6.6 岩土体病害等级定量评价参照表

分类	密实程度	实测密实度
1	轻微疏松	0.80～0.85
2	中等疏松	0.65～0.80
3	严重疏松	0.60～0.65
4	地下空洞	<0.60

6.2.2　岩土体强度损伤判据

按工程类型，分别选取岩土体压实度损失度、岩土体无侧限抗压强度损失度、岩土体黏聚力损失度作为岩土体强度损伤判据[92~94]。

1. 岩土体压实度损失度指标

计算方式为 $L_Y = 1 - \dfrac{Y_0}{Y}$

式中，Y_0 为当前岩土体无侧压密实度实测值，Y 为同一岩土体在相同条件下的标准压实度实测值。

2. 岩土体无侧限抗压强度黏聚力损失度

计算方式为

(1) 无侧限强度损失度：$L_{\sigma_c} = 1 - \dfrac{\sigma'}{\sigma_0}$

式中，σ' 为当前岩土体无侧限抗压强度实测值，σ_0 为同一岩土体在相同条件下的标准无侧限抗压强度值。

(2) 黏聚力损失度：$L_C = 1 - \dfrac{C'}{C_0}$

式中，C' 为当前岩土体无侧限黏聚力实测值，C_0 为同一岩土体在相同条件下的标准无侧限黏聚力值。

(3) 对于道路工程，选取压实度损失作为评价超前物力灾害指标，灾害等级划分如下：

$L_Y \in (0.0 \sim 0.10)$，密实；$L_Y \in (0.10 \sim 0.20)$，较密实；$L_Y \in (0.20 \sim 0.30)$，轻微疏松；$L_Y \in (0.20 \sim 0.30)$，中度疏松；$L_Y > 0.30$，重度疏松。

(4) 对于重点考虑岩土体无侧限抗压强度的工程，选取无侧限抗压强度损失度作为评价指标评判超前物力灾害等级，超前物力灾害等级划分如下：

$L_{\sigma_c} \in (0.0 \sim 0.10)$，安全；$L_{\sigma_c} \in (0.10 \sim 0.30)$，较安全；$L_{\sigma_c} \in (0.30 \sim 1.0)$，危险。

(5) 对于重点考虑岩土体抗剪强度的工程，选取黏聚力损失度作为评价指标评判超前物力灾害等级，超前物力灾害等级划分如下：

$L_C \in (0.0 \sim 0.15)$，安全；$L_C \in (0.15 \sim 0.35)$，较安全；$L_C \in (0.35 \sim 1.0)$，危险。

6.3　地下工程险源原位预测流程

以微损触探为核心，结合地质雷达、全景成像设备、地层原有勘察资料，形成岩土工程灾害原位评价方法，引入岩土体强度损伤评价标准，实现岩土体病害原位预测，原位预测具体流程如下(图 6.5)。

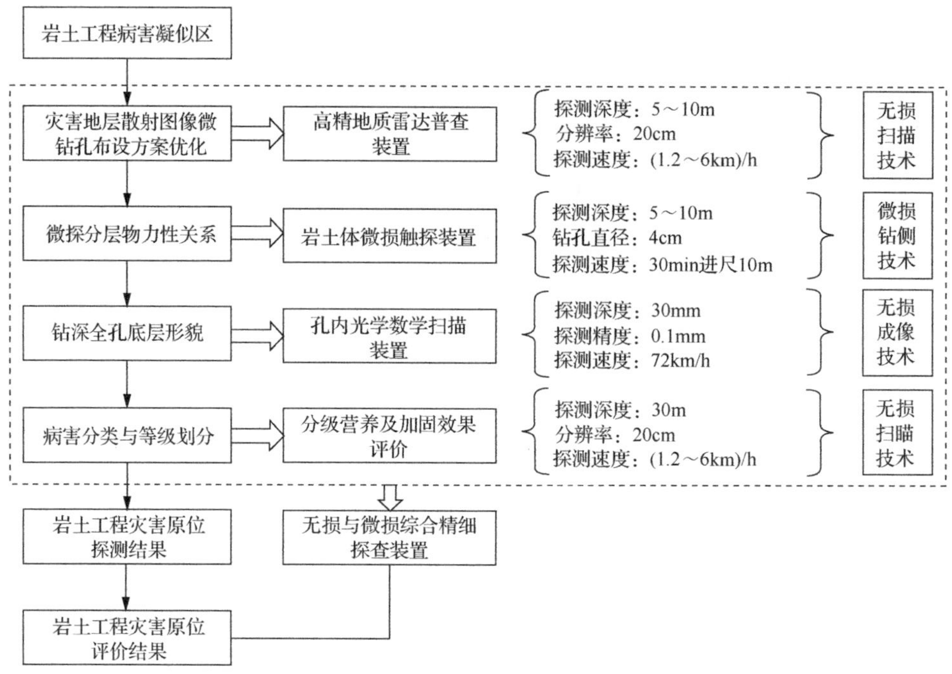

图 6.5　地下工程险源原位预测流程图

(1)在疑似病害区段，利用雷达普查技术，获得病害地层不良状况分布图像(宏观图像)，并优化微钻孔布置方案。

(2)根据微钻孔布设方案，在病害区设定探查点，利用微损小孔数字钻测技术，快速获得钻进实测数据，利用微损旋压触探动态技术参数反演岩土体静态强度参数，得到钻深-岩土体强度关系曲线(细观强度)。

(3)开展探查孔全景数字扫描，获得全孔壁光学微观形貌，精细描述地层类型及病害特征(微观形貌)。

(4)基于岩土体宏观图像、岩土体细观强度、地层微观形貌，定量划分道路地下病害类型和等级。

第 7 章　典型城市地下工程险源原位预测评价

7.1　工 程 概 况

某博览会拟建场地位于北京市延庆区，东部紧邻延庆新城，西部紧邻官厅水库，横跨妫水河两岸，北至妫水河森林公园北边界—延农路，东至延庆新城规划集中建设用地边界，南至百康路。在建设期，政府各部门就十分重视场地建设的安全性，把安全施工作为重中之重，而场地及场地周边地下隐患排查是安全施工的核心，小扰动进行排查是排查隐患方式的关键，故采用微损触探方法对场地拟建综合管廊范围内的地下隐患进行排查。

7.2　预测评价目的及依据

(1) 地质雷达普查地层分布情况，定性评判地下岩土体病害类型和范围。

(2) 随钻快速获取疑似病害区域地层全层位岩土体承载力，评定岩土体承载能力状况。

(3) 随钻快速获取疑似病害区域地层全层位岩土体密实度，定量评判各层位密实程度，疏松病害等级。

(4) 随钻获取地下岩土体原位力性指标(单轴抗压强度、黏聚力、内摩擦角)。

(5) 全景钻孔成像系统获取探测孔孔内岩土体及孔壁细观物性形貌，基于系统深度标识功能，判定病害精确位置。

(6) 针对地下岩土体病害类型，提出处治建议及方法，结合岩土工程勘查结果，为综合管廊施工、运营和维护提供科学参考。

7.3　无损雷达排险

7.3.1　原理及方法

雷达天线由接收、发射两部分组成，发射天线向被测体发射电磁波，接收天线接收经介质内部界面的反射波。电磁波在介质中传播时，其路径、电磁场强度与波形将随所通过介质的电性质和几何形态而变化，根据反射波的旅行时间、幅度与波形资料，推断工程介质的结构和分布。地质雷达扫描原理见图 7.1。

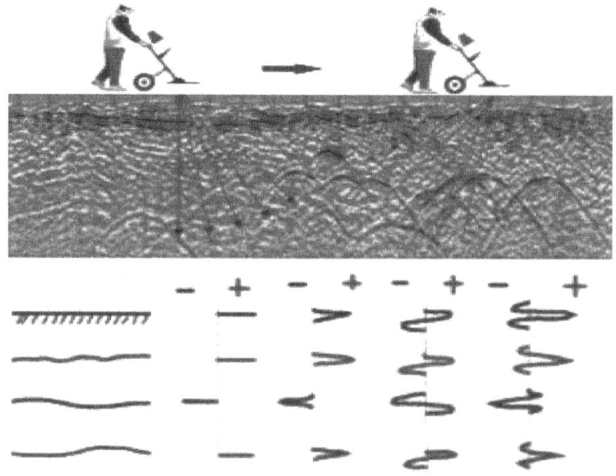

图 7.1 地质雷达扫描原理图

7.3.2 雷达选型及测线布置

1. 雷达选型

根据检测需要选取 SIR-30E 型探地雷达和 SIR-3000 型探地雷达对场地进行地下隐患普查，SIR-30E 型探地雷达和 SIR-3000 型探地雷达如图 7.2 所示。

(a) SIR-30E型探地雷达

(b) SIR-3000型探地雷达

图 7.2 探地雷达

2. 测线布置原则

(1) 测线布设应覆盖整个探测区域。

(2) 在路面探测地下管线周边土体病害时，应同时布设两种不同频率的天线进行连续测试。采用 200MHz 或 270MHz 天线测试时测线间距不大于 2m，采用 80MHz 或 100MHz 天线测试时测线间距不大于 4m。

(3) 布置测线时，应根据工程探测需要和环境因素进行布设，测线密度应保证异常的连续、完整和便于追踪。

(4) 布置测线时，测线方向应避开地形及其他干扰的影响，应垂直于或大角度相交于探测对象或已知异常的走向，测线长度应保证异常的完整和具有足够的异常背景。

(5) 天线移动的速度应能反映探测对象的异常。

(6) 探测范围内，测线应通过或靠近已知地层或与其他物探方法测线重复布设。

(7) 设计的测线如果受到地形、临时停放的车辆等物体的影响而无法按原计划执行时，将根据现场情况对测线位置和工作量做出合理调整，或在工期内，待具备测试条件时再对其进行补充探测。

(8) 当检测区域内发现可疑异常时，需对可疑异常区域的测线加密，或采用不同频率的天线重复、重点进行探测。可疑异常位于边界附近时，应把测线适当扩展到测区外追踪异常。

3. 测线布设

根据《北京市地下管线周边土体病害检测项目管理指南》要求和现场实际情况，测线布置为：道路普查阶段 200MHz 或 270MHz 天线测线间距为 1.8m，本次检测具体测线布置如图 7.3～图 7.5 所示，图 7.6 为现场检测图片。

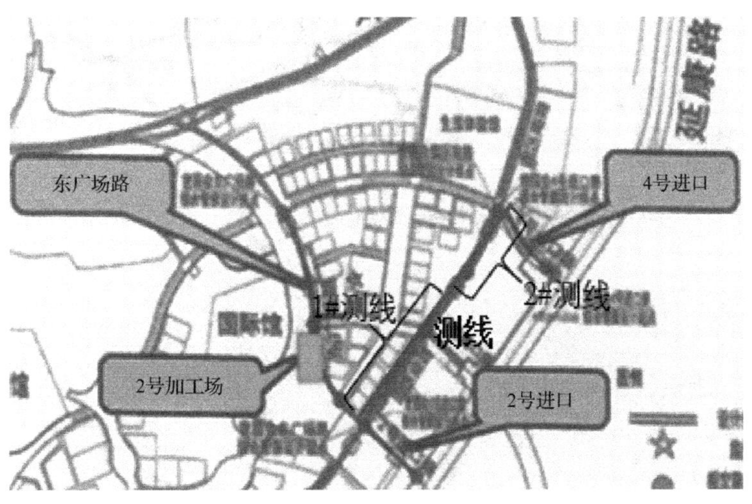

图 7.3　总测线布置

图 7.4　1#测线布置及病害位置示意图

图 7.5　2#测线布置及病害位置示意图

图 7.6　现场检测

7.3.3　雷达排查结果评判依据

地质雷达雷达图谱与土体密实程度关系如表 7.1 所示，缺陷风险等级评定说明如表 7.2 所示。

表 7.1　雷达图谱与土体密实程度关系

分类	密实程度	雷达图谱
1	轻微疏松	信号能量发生变化，同相轴较不连续，波形结构比较复杂、没有一定规律可循
2	中等疏松	信号能量产生较大变化，同相轴不连续程度比轻微疏松更高，雷达图谱的波形也较为杂乱、不规则
3	严重疏松	雷达的信号能量变化大，雷达图谱显示同相轴很不连续，波形很杂乱而且不规则
4	地下空洞	雷达反射波信号能量强，但反射信号的频率、振幅、相位等改变很大，雷达图谱中反射波在下部多次出现，在边界区域也会出现绕射现象

表 7.2　缺陷风险等级评定说明

分类	风险等级	描述
1	A 级风险	此类风险源已严重影响到道路的安全运行，易引发严重次生灾害，建议单位立即采取相关处置措施
2	B 级风险	此类风险源对道路的安全运行造成了较大影响，可能引发次生灾害。建议单位制订维修养护计划，在实施前对管线运行安全进行监测
3	C 级风险	此类风险源对道路的安全运行造成了一定影响。建议单位加强重点巡视和安全检查
4	D 级风险	此类风险源对道路的安全运行影响较小，建议道路管养单位定期巡视

7.3.4　雷达排险结果

本次雷达探测测线长度累计 1500m，探测有效深度为 0～5m。首先对综合管廊待建场地和临近道路进行雷达普查(测线间距 2m)，现场标识雷达图谱异常对应的实际位置，而后，对初次普查雷达图谱异常区域进行二次复查，复查也标识具体位置，最终，共发现可疑区域 10 处，排除各类管线干扰，并对可疑区域进行加密网格详查(网格间距 1m×1m)后，确定了 6 处可疑区域，中度疏松可疑区域 2 处，轻微疏松可疑区域 1 处，疑似地下管线 2 处，疑似地下构筑物 1 处。土体缺陷最终判定可疑区域雷达图谱及相关信息见表 7.3 和表 7.4。

表 7.3　1#测线雷达检测结果

<table>
<tr><td colspan="2">测线 1-1 雷达检测结果(L11-1)</td></tr>
<tr><td>异常类型</td><td rowspan="6">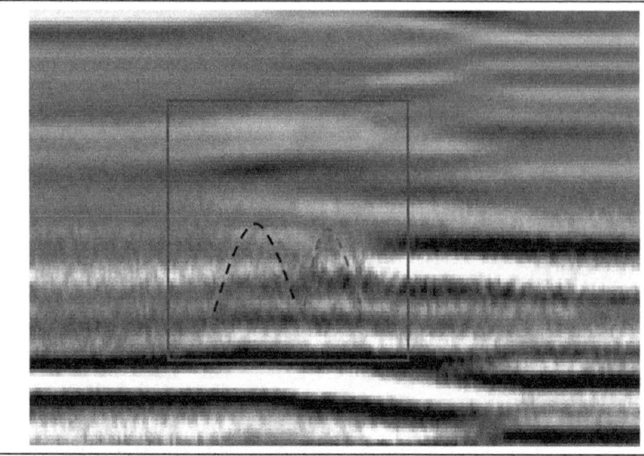</td></tr>
<tr><td>疑似地下管线</td></tr>
<tr><td>范围/m</td></tr>
<tr><td>长：0.7
宽：0.5
埋深：3.0</td></tr>
<tr><td>风险评价等级</td></tr>
<tr><td>无</td></tr>
<tr><td colspan="2">测线 1-1 雷达检测结果(L11-2)</td></tr>
<tr><td>异常类型</td><td rowspan="6">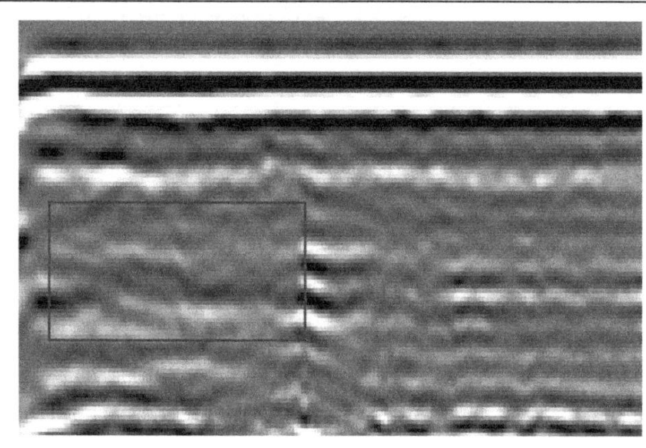</td></tr>
<tr><td>疑似轻微疏松</td></tr>
<tr><td>范围/m</td></tr>
<tr><td>长：0.9
宽：0.6
埋深：1.6</td></tr>
<tr><td>风险评价等级</td></tr>
<tr><td>C</td></tr>
<tr><td colspan="2">测线 1-1 雷达检测结果(L12-1)</td></tr>
<tr><td>异常类型</td><td rowspan="6">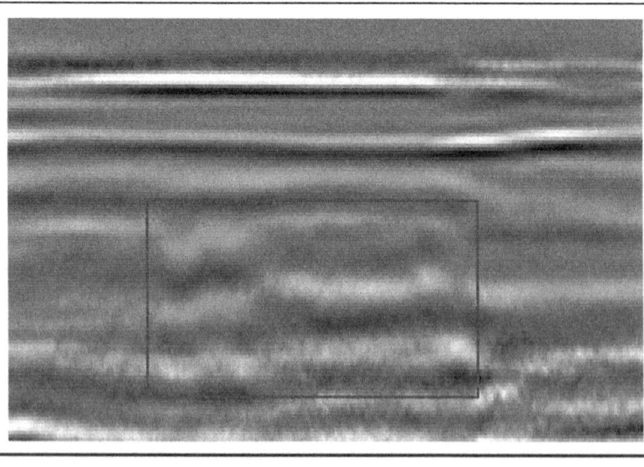</td></tr>
<tr><td>疑似中度疏松</td></tr>
<tr><td>范围/m</td></tr>
<tr><td>长：0.7
宽：0.5
埋深：2.3</td></tr>
<tr><td>风险评价等级</td></tr>
<tr><td>D</td></tr>
</table>

续表

测线 1-1 雷达检测结果（L13-1）	
异常类型	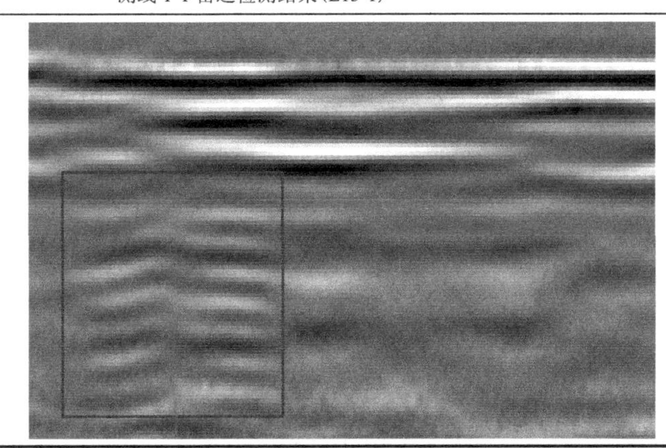
疑似构筑物	
范围/m	
长：1.2 宽：0.6 埋深：2.7	
风险评价等级	
无	

表 7.4　2#测线雷达检测结果

测线 2-1 雷达检测结果（L21-1）	
异常类型	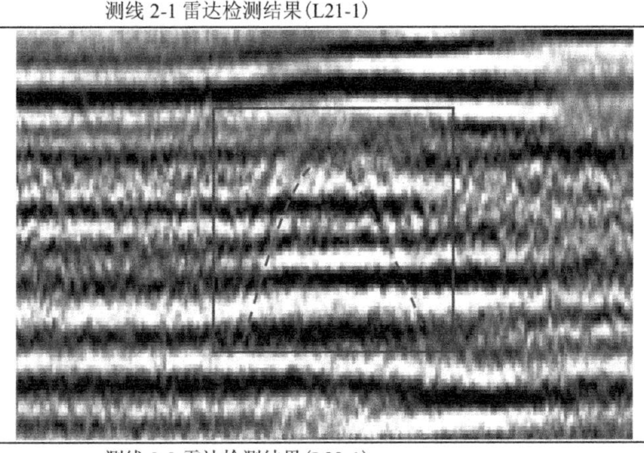
疑似地下管线	
范围/m	
长：0.8 宽：1.1 埋深：1.5	
风险评价等级	
无	
测线 2-2 雷达检测结果（L22-1）	
异常类型	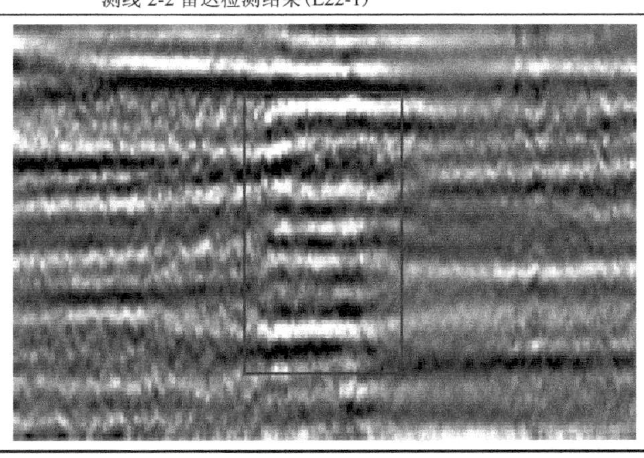
疑似中度疏松	
范围/m	
长：0.8 宽：0.4 埋深：1.4	
风险评价等级	
C	

7.4　微损触探测试

7.4.1　微损触探测试方法

使用自主研发岩土体微损触探仪，随探获取疑似病害区域岩土体钻测参量(扭矩、推进力、进尺速率、转速)，自动生成钻进参数与钻进深度关系曲线；参照地层分层结果，计算得到各层位钻进参数平均值，基于钻进参数与岩土体物性力性参数关系，反演岩土体密实度、承载力、无侧限抗压强度、黏聚力和内摩擦角，随探解译生成相应物性力性图谱。

7.4.2　L12-1 原位微损触探结果

疑似中度疏松病害区域 L12-1 微损触探结果如图 7.7～图 7.10 所示。

图 7.7　现场探测照片

图 7.8　探测孔

图 7.9　原位芯样

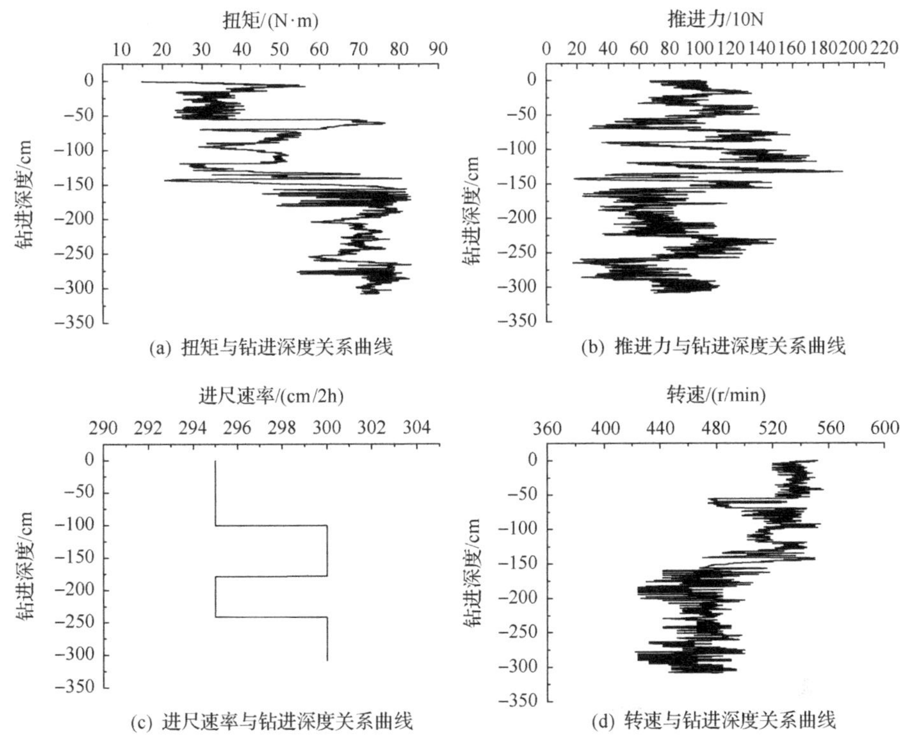

图 7.10　钻进参数与钻进深度关系曲线(疑似中度疏松病害区域 L12-1)

7.4.3　L22-1 原位微损触探结果

探测过程和结果如图 7.11～图 7.14 所示。

图 7.11　现场探测照片

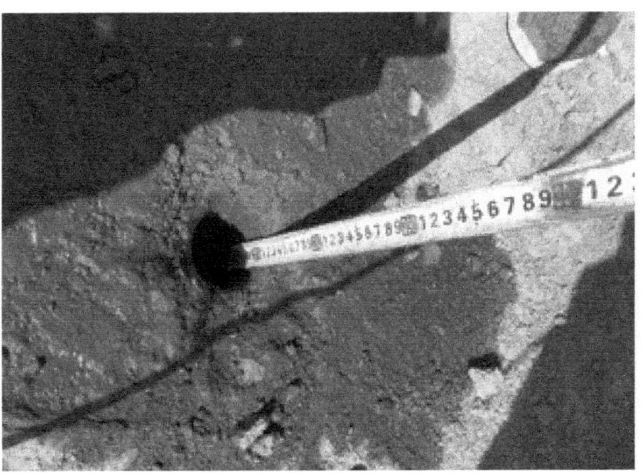

图 7.12　探测孔

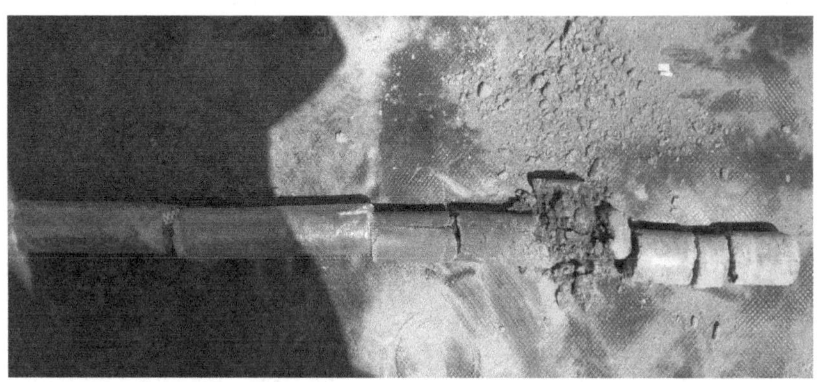

图 7.13　原位芯样

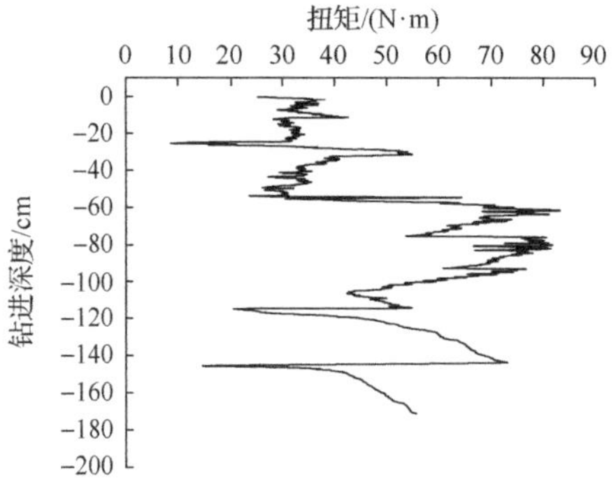

(a) 扭矩与钻进深度关系曲线

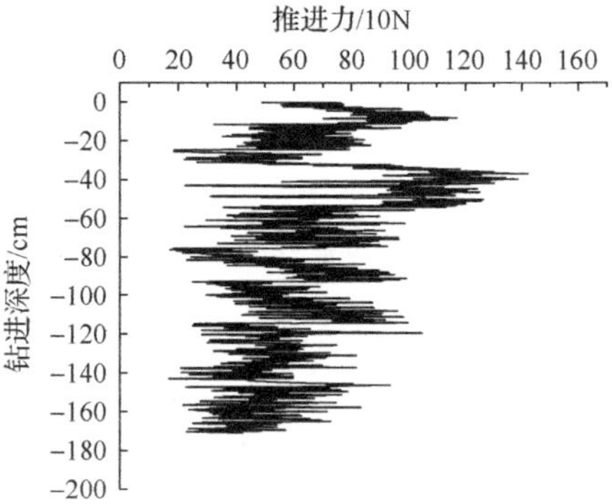

(b) 推进力与钻进深度关系曲线

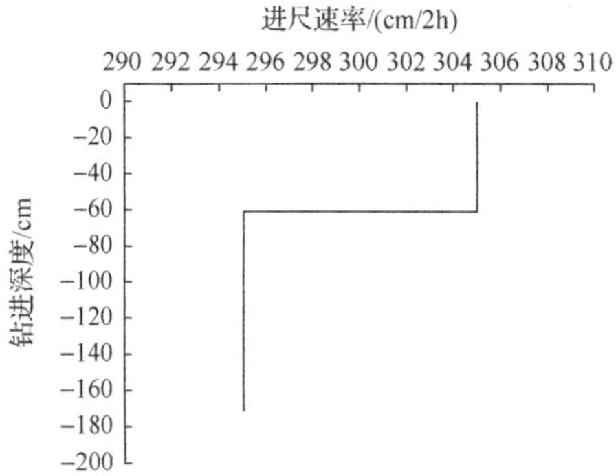

(c) 进尺速率与钻进深度关系曲线

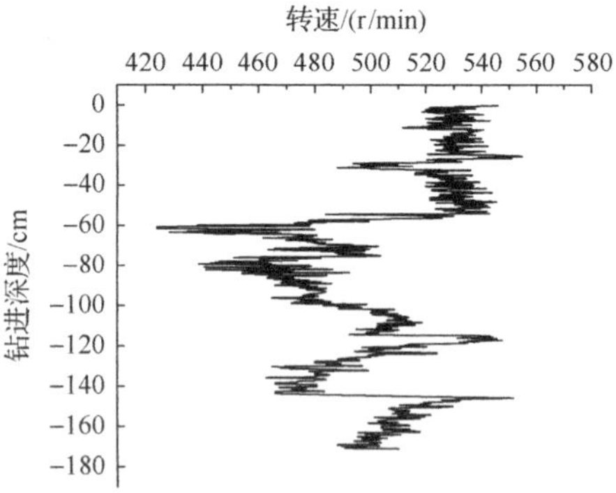

(d) 转速与钻进深度关系曲线

图 7.14　钻进参数与钻进深度关系曲线

7.5　全景数字图像

7.5.1　L12-1 全景成像结果

成像结果如图 7.15～图 7.17 所示。

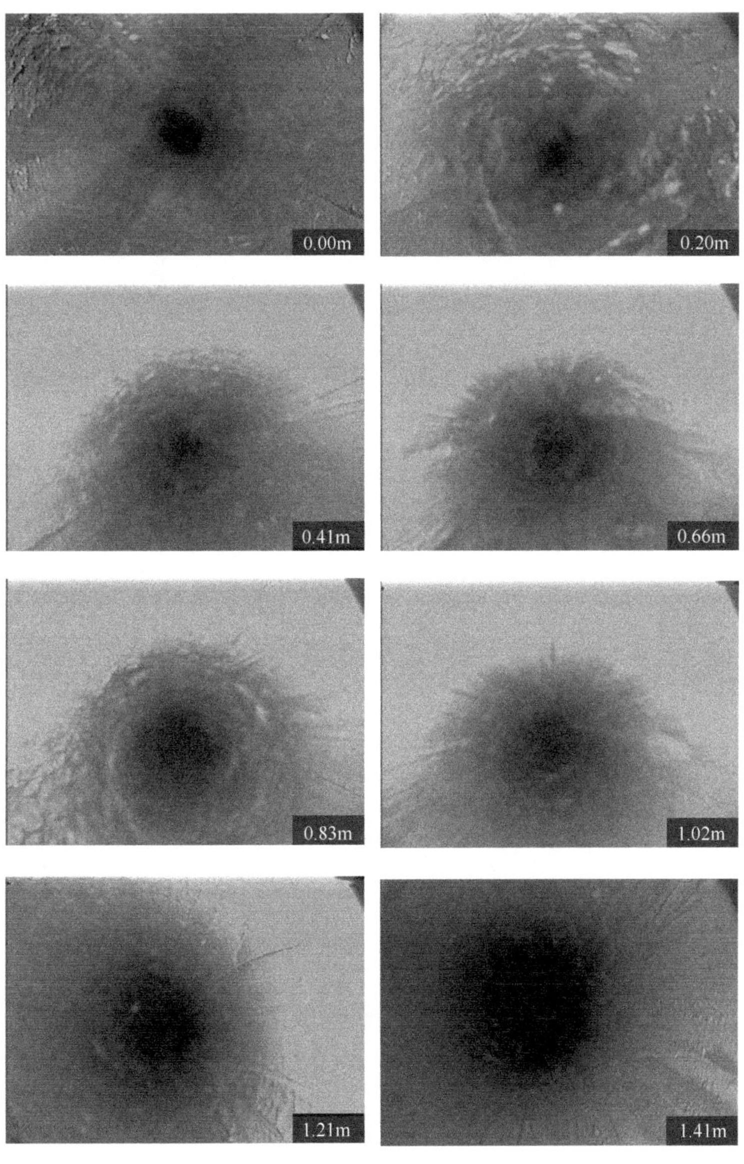

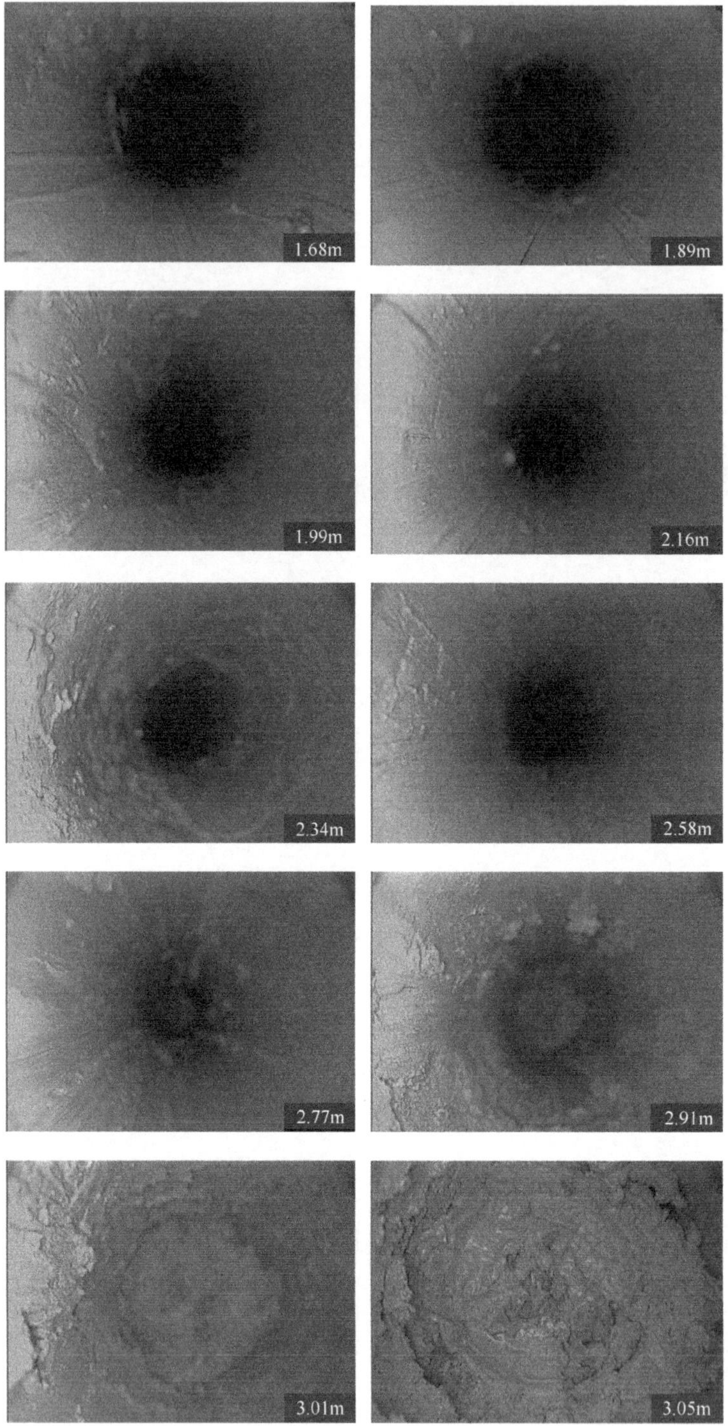

图 7.15　不同深度岩土体全孔壁细观形貌展(剖面图)

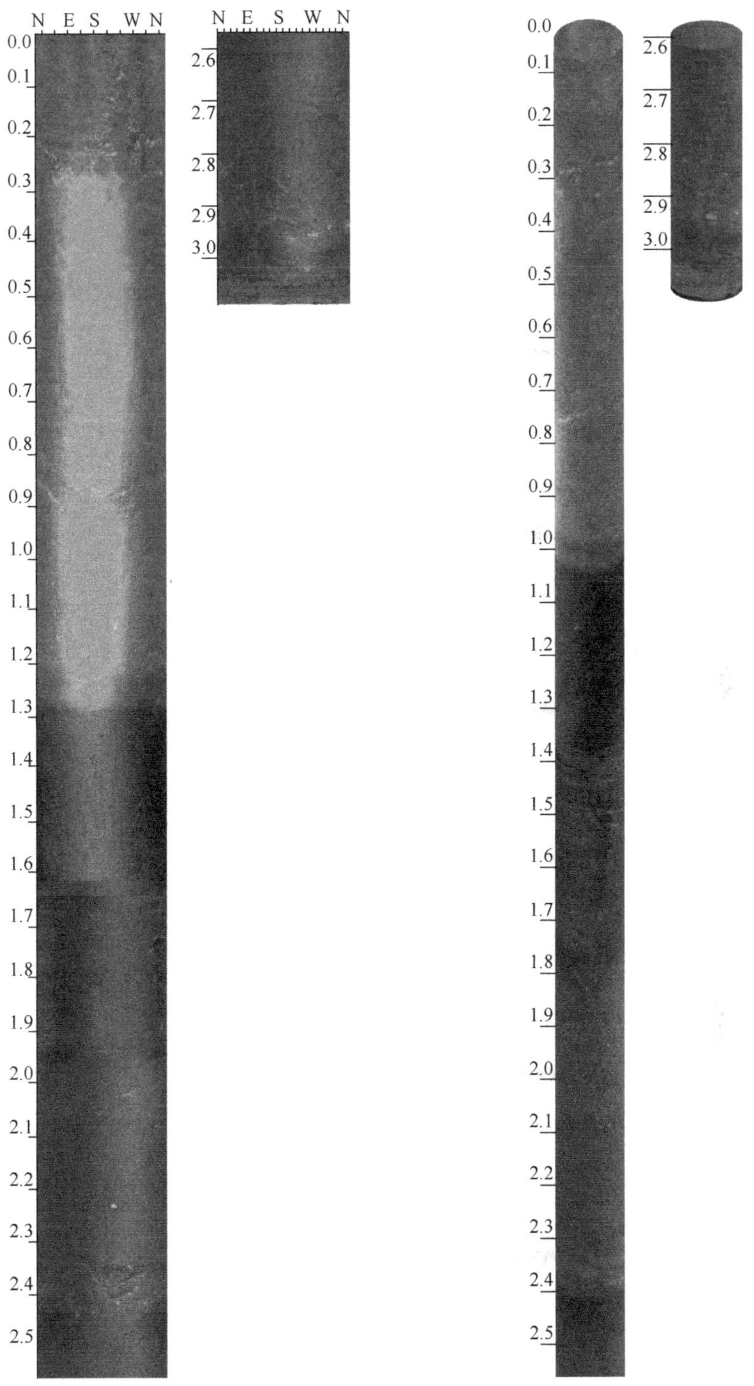

图 7.16　岩土体全孔壁细观形貌展开图　　图 7.17　岩土体全孔壁细观形貌柱状图

7.5.2　L22-1 全景成像结果

成像结果如图 7.18～图 7.20 所示。

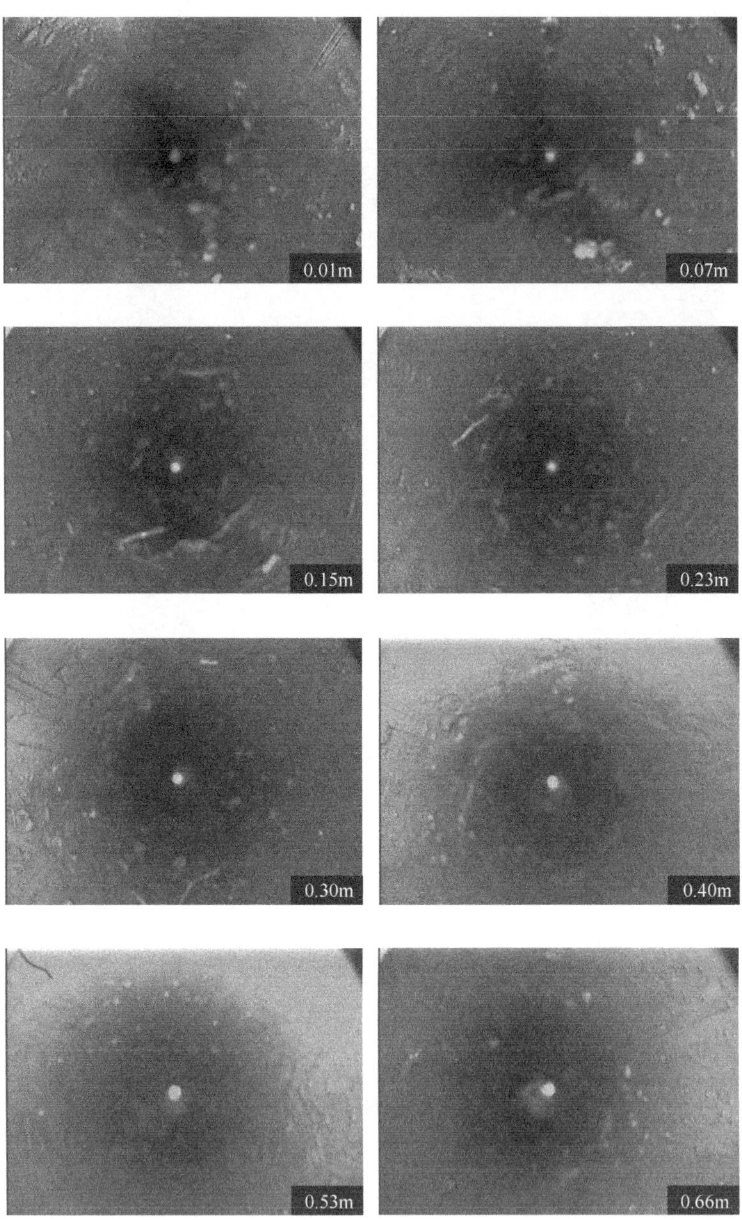

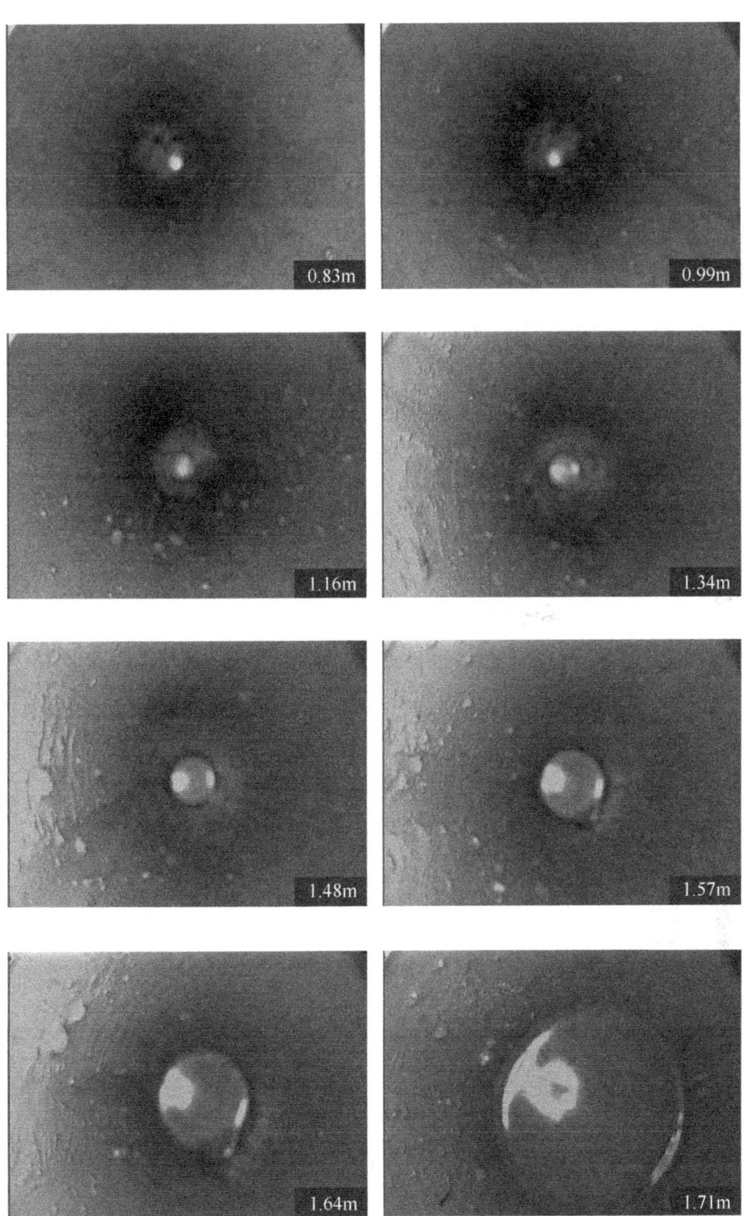

图 7.18　不同深度岩土体全孔壁细观形貌展(剖面图)

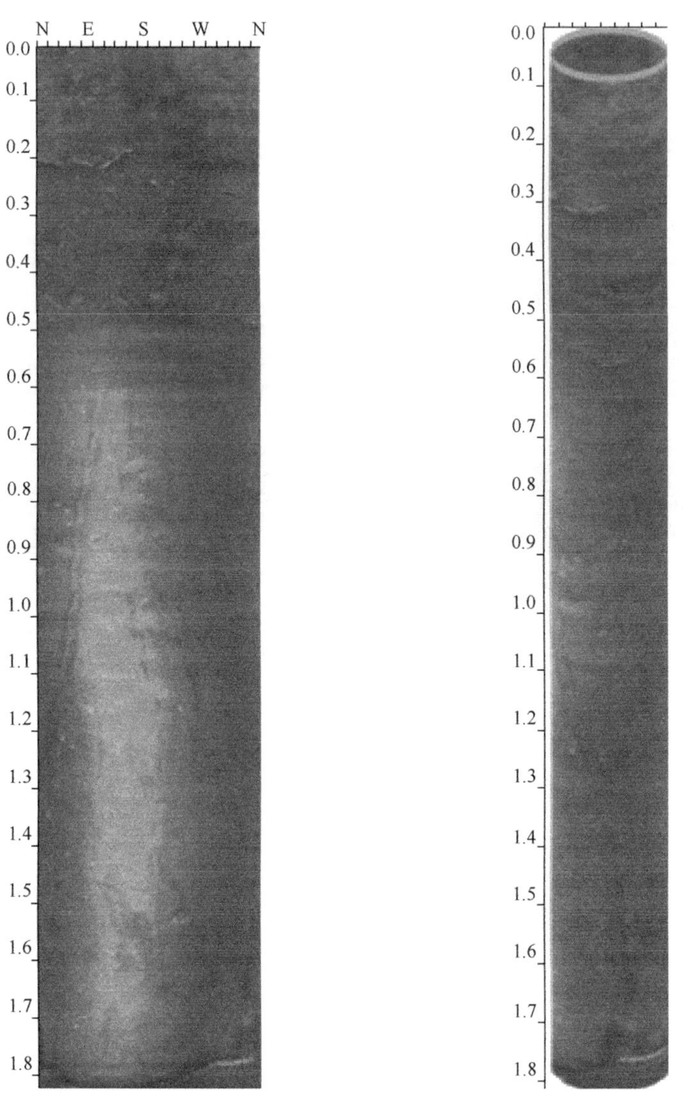

图 7.19　全孔壁细观形貌展开图　　图 7.20　全孔壁细观形貌柱状图

7.6 原位预测评价

7.6.1 L12-1 原位评价结果

结合原位岩土体芯样和孔壁及孔内岩土体细观物性图像可知，L12-1 疑似中度疏松病害所在区域地层总体可分为四层，分别是杂填土层、粉质黏土层、重粉质黏土层和粉质黏土层，各层位厚度分别为 1.02m、0.65m、0.72m 和 0.75m；其中，微探仪探测结果显示四个层位密实度分别是 0.93、0.89、0.88 和 0.92，对应密实程度量化评定结果分别为密实、较密实、较密实和密实；四个层位承载力分别是 105kPa、114kPa、120kPa 和 140kPa，单轴抗压强度分别是 117kPa、107kPa、125kPa 和 110kPa，黏聚力分别是 55kPa、47kPa、50kPa 和 40kPa，内摩擦角分别是 15.7°、35.4°、13.6°和 14.5°。上述结果显示，各层位岩土体层密实程度良好，力性指标处于正常水平，地下岩土体密实程度精细检测结果与雷达普查结果存在差异，重点参考精细检测结果，最终判定 L12-1 不存在疏松病害。

7.6.2　L22-1 原位评价结果

结合原位岩土体芯样和孔壁及孔内岩土体细观物性图像可知，L22-1 疑似中度疏松病害所在区域地层总体可分为两层，分别是素填土层、粉质黏土层，各层位厚度分别为 0.62m 和 1.08m；其中，微探仪定量探测结果显示两个层位密实度分别是 0.84 和 0.87，对应密实程度量化评定结果分别为轻微疏松和较密实；两个层位承载力分别是 110kPa 和 120kPa，单轴抗压强度分别是 45.3kPa 和 49.8kPa，黏聚力分别是 66kPa 和 74kPa，内摩擦角分别是 8.2°和 10.6°。上述结果显示，地层岩土体单轴抗压强度偏低，其余力性指标处于正常水平，地下岩土体密实程度精细检测结果与雷达普查结果一致性较高，可最终判定 L22-1 为轻微疏松病害。

第8章　主要研究结论及展望

8.1　主要研究结论

为实现通过微损信息原位预测岩土工程灾害，通过理论分析与数学推导，揭示旋压破土力学机制，建立微探动态响应量与岩土体静态强度参量间相关关系数学模型，获取旋压触探关键参数；基于微损旋压触探数学模型，采用连续-非连续单元法，开展旋压触探数值计算，分析岩土体静态强度参数对旋压触探动态参数的影响规律；为验证理论模型的准确性和数值计算的有效性，借助室内三轴试验仪和自主研发的微损旋压触探系统装备，分别开展模型岩土体与原位岩土体的标准三轴试验和微损旋压触探试验，研究不同初始条件下，不同种类岩土体微损旋压触探动态响应参数和岩土体静态强度参数变化规律，标定岩土体的微探参数和静态强度参数定量关系；综合理论分析、数值计算、室内外试验结果，提出基于微探信息实现岩土工程灾害原位预测的方法，建立基于微探信息的岩土体强度损伤动态评价标准，给出基于微探信息岩土工程灾害原位预测流程。主要结论如下：

(1)尖齿剪切体受力分析和尖齿钻头破土力学分析结果表明，当钻进钻头几何形状、钻进速度、旋转速度、推进力确定条件下，钻进过程扭矩与地层承载力呈线性关系：$[P]=K'T$。

(2)基于布西内斯科(Boussinesq)问题弹性力学解和D-P(Drucker-Prager)塑性准则建立了F、c和V_0的定量关系：$V_0=\alpha\left(F/c\right)^{\frac{3}{2}}$，钻头旋转过程中岩土体剪切破坏满足莫尔-库仑准则，根据钻杆旋转一周单齿破岩体积的累积值和宏观破岩体积相等，建立岩土体强度参数与微探动态响应参量的对应关系。

$$
\begin{aligned}
c &= F\left[\frac{\alpha n}{v(2\pi Rt+\pi t^2)}\right]^{\frac{2}{3}} \\
\tan\phi &= \frac{T/[(R+t/2)]-NSc}{F}
\end{aligned}
\tag{8.1}
$$

(3)基于数值计算软件，研究岩土体中塑性区的分布特征与轴力的关系，以及微损触探动态响应参数随岩土体强度参数变化的规律。数值计算结果表明：当轴力小于0.5kN时，塑性区深度为0；当轴力大于1kN时，随着轴力的增加，塑性区深度基本呈线性增大的趋势，随着岩体黏聚力的增加，相同旋转圈数对应的进尺逐渐减小，扭矩增大，随着岩土体内摩擦角增大，扭矩增大，相同旋转圈数对应的进尺速率变化不大。

(4) 黏土、砂土室内三轴试验结果表明：压实度一定时，含水率增大，黏土、砂土的无侧限抗压强度、黏聚力减小，内摩擦角变化不大，含水率一定时，压实度增大，黏土、砂土的无侧限抗压强度、黏聚力均增大，内摩擦角无明显变化；微损旋压触探实验结果表明：当钻进围压一定时，含水率增大，黏土的扭矩增大、推进力减小、转速减小，砂土扭矩减小、推进力减小、转速增大；当含水率一定时，围压增大，黏土、砂土的扭矩、推进力均增大、转速均减小。

(5) 基于原状岩土体原位微损旋压触探和三轴试验结果，完成原状岩土体微探定量标定，标定结果应用在某综合管廊拟建场地地下病害检测中，定量评判雷达普查疑似中度疏松病害两处，评价结果分别为不存在病害和轻微疏松，基于孔内成像结果，验证了微损旋压触探定量评判结果是正确的。

(6) 综合理论分析、数值计算、室内及原位试验、现场应用结果，证明基于微损旋压触探信息原位预测岩土工程病害具有准确性和适用性，为地下工程险源原位预测提供新方法。

8.2　展　　望

(1) 未来将开展其他类型岩(土)体的室内与原位微损旋压触探试验，丰富试验数据，提高基于微损触探信息的岩土工程灾害原位预测精度。

(2) 本书中只对均一的土体或岩体开展了室内外微损旋压触探试验研究，为扩大基于微探信息原位预测岩土工程灾害方法的应用范围，未来将针对土石混合体开展相关研究。

(3) 旋转触探产生的震动对旋转触探动态响应量具有较大影响，未来将着重研究减小震动的方法和震动对旋转触探动态参数影响规律。

参 考 文 献

[1] Andrus R D, Stokoe K H. Liquefaction resistance of soils from shear-wave velocity. Journal of Geotechnical and Geo-environmental Engineering, 2000, 126(11): 1015-1025.

[2] ASTM D44228. Standard test methods for cross-hole seismic testing. Annual Book of ASTM standards, ASTM International, West Conshohocken, PA, 2014.

[3] STM D6429. Standard guide for selecting surface geophysical methods. Standard test methods for cross-hole seismic testing. Annual Book of ASTM standards, ASTM International, West Conshohocken, PA, 2014.

[4] ASTM D7400. Standard test methods for downhole seismic testing. Standard test methods for cross-hole seismic testing. Annual Book of ASTM standards, ASTM International, West Conshohocken, PA, 2014.

[5] 白冰, 周健. 探地雷达测试技术发展状况及其应用现状. 岩石力学与工程学报, 2001, 4: 527-531.

[6] 林志平, 林俊宏, 吴柏林, 等. 浅地表地球物理技术在岩土工程中的应用与挑战. 地球物理学报, 2015, 8: 2664-2680.

[7] 郭秀军, 贾永刚, 黄潇雨, 等. 利用高密度电阻率法确定滑坡面研究. 岩石力学与工程学报, 2004, 10: 1662-1669.

[8] 刘汉乐, 周启友, 吴华桥. 基于高密度电阻率成像法的轻非水相液体饱和度的确定. 水利学报, 2008, 2: 189-195.

[9] 沈小克, 蔡正银, 蔡国军. 原位测试技术与工程勘察应用. 土木工程学报, 2016, 2: 98-120.

[10] Greenhouse J, Pehme P, Coulter D, et al. Trend in geophysical site characterization. Proceedings ISC-2 on Geotechnical and Geotechnical Site Characterization, 2014: 23-34.

[11] Inzazki T, Hayashi K, SEGJ Levee Consortium. Utilization of integrated geophysical investigation for the safety assessment of levee systems//Proceedings of the 24th Annual Symposium on the Application of Geophysics to Engineering and Environmental Problems(SAGEEP 2011), 2011, CD-ROM, 9.

[12] Levander A R. Fourth-order finite-difference P-SV seismograms. Geophysics, 1988, 53(11); 1425-1436.

[13] Lim C H, Lin C P, Hu C H. Semi-automation of borehole seismic travel-time picking by time-frequency analysis. Near Surface Geophysics-Asia Pacific Conference, Beijing, 2013: 102-105.

[14] Lin C P, Chang T S. The use of MASW method in the assessment of soil liquefaction potential. Soil Dynamics and Earthquake Engineering, 2004, 24(9-10): 689-698.

[15] 杨锦舟. 基于随钻自然伽马、电阻率的地质导向系统及应用. 测井技术, 2005, 29(4): 285-288.

[16] 张树东. 碳酸盐岩储层随钻测井技术难点及其对策——以四川盆地为例. 天然气工业, 2015, 35(11): 16-22.

[17] Wang T, Signorelli J. Finite-difference modeling of electromagnetic tool response for logging while drilling. Geophysics, 2004, 69(1): 152-160.

[18] 程建华, 仵杰. 用时域有限差分法模拟随钻测井响应. 测井技术, 2003, 27(4): 283-294.

[19] Hwa Ok Lee, Teixeira F L. Cylindrical FDTD analysis of LWD tools through anisotropic dipping-layered earth media. Geoscience and Remote Sensing, IEEE International 2008, 383-388.

[20] Comina C, Foti S. Report and Discussion-technical session geophysical surveys using mechanical wave and/or eletromagnetic techniques. Geotechnical and Geophysical Site Characterization, 2012, 1355-1366.

[21] Dejong J T. General report for technical session 1D-In-Suit testing//Proceedings of the 18th International Conference on Soil Mechanical and Geotechnical Engineering, Beijing, 2009: 3278-3287.

[22] Giacheti H L, Cunha R P. In-Suit Testing//Proceedings of the 18th International Conference on Soil Mechanical and Geotechnical Engineering, Beijing, 2013: 471-478.

[23] 胡逸捷, 黄文. 浅地表地球物理技术在岩土工程中的应用与挑战. 土工基础, 2017, 31(3): 292-294.

[24] 刘树坤, 汪勤学, 梁占良, 等. 国内外随钻测量技术简介及发展前景展望. 录井工程, 2008, 4: 32-37, 41, 82-83.

[25] 马哲, 杨锦舟, 赵金海. 无线随钻测量技术的应用现状与发展趋势. 石油钻探技术, 2007, 6: 112-115.

[26] 石元会, 刘志申, 葛华, 等. 国内随钻测量技术引进及现场应用. 国外测井技术, 2009, 1: 3, 9-13.

[27] 张春华, 刘广华. 随钻测量系统技术发展现状及建议. 钻采工艺, 2010, 1: 31-35, 124.

[28] 赖信坚. 随钻测量技术与传感器原理探讨. 石油钻采工艺, 1991, 4: 9-17.

[29] 张绍槐. 钻井录井信息与随钻测量信息的集成和发展. 录井工程, 2008, 4: 26-31, 82.

[30] 李林. 随钻测量数据的井下短距离无线传输技术研究. 石油钻探技术, 2007, 1: 45-48.

[31] 陈文渊. 随钻测量系统信号测量的关键技术研究. 重庆: 重庆大学硕士学位论文, 2011.

[32] 李铃, 郭忠顺. 国外随钻随测技术的发展概况. 石油矿场机械, 1982, 1: 49-60.

[33] 曹来勇, 王振升, 何炳振. 随钻测量与井筒油气评价技术. 东营: 石油大学出版社, 1997.

[34] 胡小林, 黄麟森, 王清峰. 煤矿井下随钻测量技术的应用研究. 矿冶, 2012, 21(4): 89-92.

[35] Gui M W, Soga K, Bolton M D, et al. Instrumented borehole drilling for subsurface investigation. Journal of Geotechnical and Geo-environmental Engineering ASCE, 2002, 128(4): 283-291.

[36] Schunnesson H. RQD predictions based on drill performance parameters. Tunnelling and Underground Space Technology, 1996, 11(3): 345-351.

[37] 张光辉. PDC 钻头破岩机理及围岩状态识别技术研究. 徐州: 中国矿业大学硕士学位论文, 2015.

[38] Li W, Yan T, Li S. Rock fragmentation mechanisms and an experimental study of drilling tools during high-frequency harmonic vibration. Petroleum Science, 2013, 10: 205-211.

[39] David P M, 金健. 随钻测量及地层评价技术的进展. 国外油气勘探, 1996, 5: 638-646.

[40] Dahl F, Bruland A, Jakobsen P D, et al. Classifications of properties influencing the drillability of rocks，based on the NTNU/SINTEF test method. Tunnelling and Underground Space Technology, 2012, 28: 150-158.

[41] 岳中琦. 钻孔过程监测(DPM)对工程岩体质量评价方法的完善与提升. 岩石力学与工程学报, 2014, 33(10): 1977-1996.

[42] 田昊, 李术才, 薛翊国, 等. 基于钻进能量理论的隧道凝灰岩地层界面识别及围岩分级方法. 岩土力学, 2012, 33(8): 2457-2464.

[43] 邱道宏, 李术才, 薛翊国, 等. 基于数字钻进技术和量子遗传-径向基函数神经网络的围岩类别超前识别技术研究. 岩土力学, 2014, 35(7): 2013-2018.

[44] 高伟, 岳中琦, 李爱国. 全自动钻孔过程监测技术在工程勘察中的应用探讨. 工程勘察, 2012, (2): 27-32.

[45] 谭卓英, 岳中琦, 蔡美峰. 风化花岗岩地层旋转钻进中的能量分析. 岩石力学与工程学报, 2007, 26(3): 478-485.

[46] 谭卓英, 王思敬, 蔡美峰. 岩土工程界面识别中的地层判别分类方法研究. 岩石力学与工程学报, 2008, 27(2): 316-322.

[47] 宋颐, 夏宏南, 徐超, 等. 随钻扩眼工具的研究与优化. 装备制造技术, 2012, (8): 282-284.

[48] Karasawa H, Ohno T, Ilosugi M, et al. Methods to estimate the rock strength and tooth wear while drilling with roller-bits-part 1: Milled-tooth bits. Journal of Energy Resources Technology, 2002, 124(3): 125-132.

[49] Signorelli J. Finite-difference modeling of electromagnetic tool response for logging while drilling. Geophysics, 2004, 69(1): 152-160.

[50] Yue Z Q, Lee C F, Law K T, et al. Automatic monitoring of rotary-percussive drilling for ground characterization-illustrated by a case example in Hong Kong. International Journal of Rock Mechanics and Mining Sciences, 2004, 41: 573-612.

[51] 谭卓英, 蔡美峰, 岳中琦, 等. 基于岩石可钻性指标的地层界面识别理论与方法. 北京科技大学学报, 2006, 28(9): 803-807.

[52] 陈铁林, 张顶立. "矿研"多功能钻机的特点及应用. 现代隧道技术, 2009 , 46(4) : 58-63.

[53] 宋玲, 李宁, 刘奉银. 较硬地层中旋进触探技术应用可行性研究. 岩土力学, 2011, 32(2): 635-640.

[54] 宋玲, 李宁, 刘奉银, 等. 软岩的旋转触探诸参数间的内在关系. 西安理大学学报, 2011, 27(1): 24-30.

[55] 高延霞, 高秀梅. 旋转触探在天津某铁路特大桥勘察中的应用. 铁道工程学报, 2013, 30(2): 39-43.

[56] 陈新军, 杨怀玉, 赵风林. 应用旋转触探试验划分地层及确定土类定名方法研究. 工程勘察, 2012, 40(4): 16-20.

[57] 李鹏. 基于旋转触探技术的土体压缩模量确定方法. 铁道工程学报, 2016, 33(8): 34-39, 65.

[58] 李骞, 李宁, 宋玲. 岩石回转触探试验研究. 水利学报, 2014, 45(S1): 116-123.

[59] 李田军, 鄢泰宁, 梅爽, 等. 旋转触探数学模型及其试验分析. 煤田地质与勘探, 2012, 40(6): 85-88.

[60] 刘奉银, 赵静源, 贾凯, 等. 西安黄土新型旋转触探试验研究. 西北地震学报, 2011, 33(3): 239-242.

[61] 赵风林, 陈新军. 一种基于旋转触探的参数采集及处理微机系统. 铁道工程学报, 2011, 28(10): 111-114.

[62] 浦晓利. 基于砂土的旋转触探试验研究. 铁道勘察, 2016, 42(2): 52-54, 59.

[63] 肖俊祥. 旋挖钻机工作机构的优化与力学特性分析. 石家庄: 石家庄铁道大学硕士学位论文, 2014.

[64] Luo J, Li L G, Yi W, et al. Working performance analysis and optimization design of rotary drilling rig under on hard formation. International Journal of Rock Mechanics and Mining Sciences, 2014, 73: 23-28.

[65] 田丰, 杨迎新, 任海涛, 等. PDC 钻头切削齿工作区域及切削量的分析理论和计算方法. 钻采工艺, 2009, 2: 51-53.

[66] 徐艳坤. 扭转冲击 PDC 钻头的破岩机理及实验研究. 大庆: 东北石油大学硕士学位论文, 2015.

[67] 左龙. 孕镶金刚石钻头切削力学研究. 成都: 西南石油大学硕士学位论文, 2015.

[68] 杨先伦, 宋建伟, 何世明, 等. 扭转冲击破岩效果影响因素评. 石油矿场机械, 2014, (9): 4-8.

[69] 张绍和, 谢晓红, 方海江, 等. PDC 钻头出露量和线速度对复合片磨损规律的影响. 中南大学学报(自然科学版), 2010, 41(6): 2173-2177.

[70] 郭东琼. 煤矿井下随钻测量定向钻进用 PDC 钻头的研制. 金刚石与磨料磨具工程, 2011, 31(3): 31-34.

[71] 郭汝坤, 冯春, 李战军, 等. 牙轮钻工作参数与岩体强度对应关系的理论分析与实验研究. 岩土工程学报, 2016, 38(7): 1221-1229.

[72] 郭汝坤, 冯春, 李战军, 等. 岩体强度对牙轮单齿作用下破碎坑的体积及形态影响研究. 岩土力学, 2016, 37(10): 2971-2978.

[73] Lawn B R. Microfracture beneath point indentations in brittle solids. Journal of Materials Science, 1975, 10(1): 113-122.

[74] Lindqvist P A. Stress fields and subsurface crack propagation of single and multiple rock indentation and disc cutting. Rock Mechanics & Rock Engineering, 1984, 17(2): 97-112.

[75] Hertz H. On the contact of elastic solids. Journal Für Die Reine Und Angewandte Mathematik, 1988, 92: 156-228.

[76] Ostojic P, Mcpherson R. A review of indentationfracture theory: Its development, principles and limitations. International Journal of Fracture, 1987, 33(4): 297-312.

[77] 李世海. 基于连续介质力学模型离散元方法研究进展//中国力学学会, 北京工业大学. 中国力学学会学术大会2005论文摘要集(下), 2005: 1.

[78] Li S H, Zhao M H, Wang Y N, et al. Institute of Mechanics, Chinese Academy of Science, Beijing 10080, China Tropical Marine Science Institute, National University of Singapore, 119260, Singapore. A continuum-based discrete element method for continuous deformation and failure process//中国力学学会. Abstracts of the Papers Presented at the Regular Sessions of the Sixth World Congress on Computational Mechanics in Conjunction with the Second Asian-Pacific Congress on Computational Mechanics Ⅱ. 中国力学学会, 2004: 1.

[79] Wang Y M, Zhao M H, Li S H. Division of Engineering Science, Chinese Academy of Sciences, Beisihuan West Road 15#, Beijing, 100080, China. Stochastic structural model of rock and soil aggregate by continuum-based discrete element method//中国力学学会. Abstracts of the Papers Presented at the Minisymposia Sessions of the Sixth World Congress on Computational Mechanics in Conjunction with the Second Asian-Pacific Congress on Computational Mechanics Ⅰ. Beijing: 中国力学学会, 2004: 1.

[80] Zhao M H, Li S H, Wang Y N, et al. Institute of Mechanics, Chinese Academy of Science, Beijing 10080, China Tropical Marine Science Institute, National University of Singapore, 119260, Singapore. A computational model for simulation of fractured materials using continuum-based discrete element method(CDEM)//中国力学学会. Abstracts of the Papers Presented at the Regular Sessions of the Sixth World Congress on Computational Mechanics in Conjunction with the Second Asian-Pacific Congress on Computational Mechanics Ⅱ. Beijing: 中国力学学会, 2004: 1.

[81] 魏怀鹏, 易大可, 李世海, 等. 基于连续介质模型的离散元方法中弹簧性质研究. 岩石力学与工程学报, 2006, (6): 1159-1169.

[82] Zhao S M. A GPU accelerated continuous-based discrete element method for elasto dynamics analysis//Intelligent information technology application association. Key engineering materials and computer science. Intelligent Information Technology Application Association, 2011: 6.

[83] Li S H, Zhao M H, Wang Y N, et al. A new computational model of three-dimensional DEM-block and particle model. International Journal of Rock Mechanics and Mining Sciences, 2004, 41(3): 436.

[84] 李世海, 汪远年. 三维离散元计算参数选取方法研究. 岩石力学与工程学报, 2004, 23(21): 3642-3645.

[85] 黎勇, 冯夏庭, 栾茂田, 等. 多体系统非连续变形的弹性及弹塑性分析方法(Ⅰ)——基本原理. 岩石力学与工程学报, 2004, 23(1): 12-16.

[86] 黎勇, 冯夏庭, 栾茂田, 等. 多体系统非连续变形的弹性及弹塑性分析方法(Ⅱ)——数值算例. 岩石力学与工程学报, 2004, 23(1): 17-23.

[87] Li S H, Zhao M H, Wang Y N, et al. A continuum-based discrete element method for continuous deformation and failure process//WCCM VI in Conjunction with APCOM 04. Beijing, 2004: 77.

[88] Gusev A A. Finite element mapping for spring network representations of the mechanics of solids. Physical Review Letter, 2004, 93(3): 034302(1)-034302(4).

[89] Monette L, Anderson M P. Elastic and fracture properties of the two-dimensional triangular and square lattices. Modelling and Simulation in Materials Science and Engineering, 1994, 2: 53-66.

[90] 刘晓宇, 梁乃刚, 李敏. 三维链网模型及其参数标定. 中国科学(A辑), 2002, 32(10): 887-894.

[91] 邱道宏, 李术才, 薛翊国. 基于数字钻进技术和量子遗传-径向基函数神经网络的围岩类别超前识别技术研究. 岩土力学, 2014, 35(7): 2013-2018.

[92] 李术才, 刘斌, 孙怀凤, 等. 隧道施工超前地质预报研究现状及发展趋势. 岩石力学与工程学报, 2014, 33(6): 1090-1113.

[93] 李利平, 李术才, 陈军. 基于岩溶突涌水风险评价的隧道施工许可机制及其应用研究. 岩石力学与工程学报, 2011, 30(7): 1345-1355.

[94] 李术才, 薛翊国, 李貅. 高风险岩溶地区隧道施工地质灾害综合预报预警关键技术研究. 岩石力学与工程学报, 2008, (7): 1297-1307.